AF453856

ERRATA.

			Au lieu de :	lisez :
Page	32	25ᵉ ligne	crois me	crois pouvoir me
—		30ᵉ —	les mettre	les faire mettre
—	36	16ᵉ —	exception pays	exception dans certains
—		23ᵉ —	serait destiné	destiné (pays
—		24ᵉ —	tats	tas
—		25ᵉ —	de parasites	de plantes parasites
—	37	16ᵉ —	voitures par eux	voitures amenées par eux
—	42	16ᵉ —	l'orsque	lorsque
—	44	20ᵉ —	locale	local
—	45	18ᵉ —	pradées	radiées
—		23ᵉ —	pavéracées	papavéracées
—	50	26ᵉ —	satisfait que je	satisfait je
—	53	2ᵉ —	esr	est
—	55	23ᵉ —	compasts	composts
—	72	32ᵉ —	notériété	notoriété
—	82	20ᵉ —	opuscule	opuscule serait
—	97	3ᵉ —	vondra	voudra
—	103	4ᵉ —	chaire	chair
—	106	7ᵉ —	nouraiture	nourriture
—	120	16ᵉ —	ue fera	ne lui fera
—	123	7ᵉ —	envrion	environ
—	130	7ᵉ —	Fongères que	Fougères font des frais que
—	133	22ᵉ —	garanti	garantit

TRAVAIL ET EXPOSÉ

D'UN HAUT INTÉRÊT

TOUCHANT

L'AGRICULTURE.

PAR **HARDY-CHASSERIE**, PÈRE,

Fermier général et régisseur des biens ruraux, membre.
ainsi que l'un de ses fils, de la Société d'Agriculture de la ville
de Fougères, et aussi membre du Comice agricole de la ville
d'Antrain, demeurant commune de Tremblay, canton
d'Antrain, arrondissement de Fougères
(Ille-et-Vilaine.)

Lequel travail est soumis à la très-haute appréciation de Monseigneur le Ministre
de l'Agriculture de l'Empire français.

MAYENNE

IMPRIMERIE-LIBRAIRIE DERENNE,
Grande-Rue, 90.
1863

TRAVAIL ET EXPOSÉ

D'UN HAUT INTÉRÊT

TOUCHANT

L'AGRICULTURE

PAR **HARDY-CHASSERIE**, PÈRE,

Fermier général et régisseur des biens ruraux, membre,
ainsi que l'un de ses fils, de la Société d'Agriculture de la ville
de Fougères, et aussi membre du Comice agricole de la ville
d'Antrain, demeurant commune de Tremblay, canton
d'Antrain, arrondissement de Fougères
(Ille et Vilaine).

Lequel travail est soumis à la très-haute appréciation de Monseigneur le Ministre
de l'Agriculture de l'Empire français.

MONSEIGNEUR,

J'ai l'honneur de venir vous dire ici, avec le plus profond
respect pour votre Excellence, qu'animé du désir incessant que
j'ai de propager de plus en plus les lumières et expériences que
j'ai acquises en agriculture, et qui sont le fruit de presque
toute ma vie, j'ai l'honneur de vous adresser cet exposé.

Agé de 65 ans révolus, mon zèle pour cette brillante carrière,
l'extrême et profonde conviction que j'ai touchant le résultat

IMMENSE et presque incalculable qui devrait s'en suivre : et après avoir, depuis déjà longtemps, fait part de mes idées à ce sujet à divers agronomes éminemment distingués et très-compétents sur la matière ; encouragé par eux et en présence de la vigoureuse impulsion que daigne donner si largement à l'agriculture, dans tout son Empire, notre si Auguste, si Vénérable Empereur Napoléon III, impulsion si noblement secondée par Votre Illustre Excellence, Monseigneur, je me suis décidé à entreprendre ce Travail et Exposé, que j'ai l'honneur de soumettre à la haute appréciation de votre Excellence, persuadé que je suis qu'elle daignera l'accueillir avec cette bienveillance qui la caractérise.

Je ne suis ni botaniste ni grand savant, non plus que chimiste : mais agriculteur praticien et théoricien, observateur et appréciateur dans toutes mes opérations agricoles.

Mon style ne sera point celui d'un homme très-érudit ; mais, tout en le regrettant, Monseigneur, je désire vivement n'emprunter le secours de personne. Je tiens à peindre mes idées moi-même de tout mon mieux et tel que ma longue expérience et mes lumières me portent à les exprimer, de la même manière que je le ferais si j'avais l'autorité de commander : profondément persuadé que je suis de la somme de bien-être qui en serait la conséquence indubitable, si toutefois elles étaient mises à exécution partout et dans tout l'Empire.

C'est donc pour moi un motif très-puissant, Monseigneur, de croire que votre Excellence daignera en juger et apprécier toute la haute portée : il s'agirait de plus de trois cents millions de francs et de rente annuelle pour l'État ; c'est ma plus profonde conviction, basée sur des motifs aussi rationnels que logiques et puissants.

Ce que je crains, Monseigneur, c'est que, faute d'une assez grande érudition, quelques mots ou phrases sortis de ma plume choquent vos oreilles. A Dieu ne plaise que cela arrive, et, pour

III.

ce motif, je le supplie très-humblement ici de daigner m'inspirer,
tout en osant aussi me reposer sur votre indulgence, Monseigneur,
pour vouloir bien m'excuser, s'il vous plaît, et passer outre sur
tout ce qui laissera à désirer: mon intention est droite et pure,
mon zèle ardent.

MOTIFS DE CET EXPOSÉ.

Est il vrai que notre très-auguste et bien-aimé Empereur si noblement secondé par son Ministre de l'agriculture ainsi que par son gouvernement, est constamment et au suprême degré préoccupé de l'agriculture, cela pour le bien-être et dans le plus grand intérêt de tous ses sujets ?

Oui sans doute, cela est de notoriété publique.

Est-il vrai aussi que, dans le même but, Sa Majesté n'épargne aucun sacrifice pour récompenser ceux qui, par leurs lumières, idées, inventions, etc., sont les auteurs d'un progrès palpable en agriculture ?

Oui assurément, c'est incontestable.

Est-il vrai enfin que des millions de francs sont à cette fin annuellement distribués aux plus méritants, et cela dans tous les départements de l'empire?

Oui également, c'est une vérité.

De tout ce que dessus, il résulte donc évidemment que notre bien-aimé Empereur, dans sa sollicitude aussi remarquable qu'incessante pour le bien-être de tous ses sujets, de même que son très-illustre Ministre de l'agriculture et autres puissants magistrats sont toujours disposés à agréer, de la part de quiconque tout ce qui a directement trait à la prospérité de l'agriculture, mais combiné de manière à lui être d'une utilité majeure; car tel que l'ont dit et le repètent avec raison de savants agronomes, *le sol de la France, c'est la patrie; de sa fertilité plus ou moins grande dépend le bien-être de tous ses habitants, de même que sa force et sa plus grande puissance.* Je viens de dire tous ses habitants: il y a dans ce nombre, vous le savez, Monseigneur, cette classe nécessiteuse, si recommandable sous tous les rapports: classe composée de bien des millions d'âmes malheureusement en France, et qui bénirait le jour où elle verrait seulement poindre une lumière aussi vive que pénétrante qui lui promettrait et ferait comprendre un avenir pour elle meilleur et plus doux, en lui assurant que son bien-aimé Souverain, qui veille sans cesse sur sa destinée, a trouvé un moyen infaillible et de la plus haute portée pour fertiliser de près et loin, dans toute l'étendue de la France, le sol qui en fait *l'unique ressource,* et que, par suite d'un décret de sa Majesté, aidée en cela par vous. Monseigneur, il serait mis à exécution.

Oh! que de millions d'âmes, pourtant si intéressantes, et au nombre desquelles sont celles de tant de cultivateurs qui, courbés qu'ils sont tout le jour sur le soc de leurs charrues, arrosent sans cesse de la sueur de leur front le sol ingrat, et jusqu'à ce jour quasi infertile qu'ils labourent, et lesquels pauvres cultivateurs, je dois l'avouer ici, par suite d'un travail forcé et une nourriture si peu substantielle, s'étiolent et dépérissent, surtout la jeunesse, et succombent avant l'âge ordinaire de la vie!

Oh! combien est-il vrai, je le répète ici, Monseigneur, que si tous ces pauvres malheureux, qui sont nos semblables, mais auxquels, par une volonté suprême sans doute, *toute fortune fait défaut,* voyaient même dans le lointain l'espoir assuré de diminuer à toujours leur misère, qu'un cri du plus haut et cordial retentissement se ferait entendre d'une extrémité à l'autre de l'Empire, je parle ici de toute la classe nécessiteuse, cela en témoignage de vive et éternelle reconnaissance envers leur auguste Souverain et son Ministre de l'agriculture, qu'ils béniraient et aimeraient à jamais de leurs prières et du fond du cœur.

On peut dire bien haut et avec raison, Monseigneur, que l'agriculture est par essence *la mère nourricière du genre humain*; que de son lait plus ou moins abondant, si on peut le dire ainsi, dépendent la santé, la robusticité, je dirai même le nombre de ses enfants; dans ce cas, elle a donc besoin de l'aide, de la grande protection que sans cesse lui prête votre Excellence, Monseigneur; les sacrifices faits jusqu'à ce jour en sa faveur ont produits de grands effets; il en serait de même à l'avenir et par de là encore assurément si, par l'entremise de Votre Excellence, ils sont continués de plus en plus.

Observations importantes.

J'ai l'honneur de vous exposer ici, Monseigneur, qu'en peignant à Votre Excellence toute ma pensée, touchant de nouveaux et immenses revenus territoriaux, je me bornerai seulement à indiquer comment et par quels moyens, je crois, on pourrait aisément les réaliser, et quoiqu'il en soit, je ne parlerai d'aucun système d'agriculture à suivre plutôt qu'un autre : ce n'est pas là mon but.

Ces revenus *annuels* dont je veux parler et j'ai ci-dessus fait le chiffre approximatif, bien entendu, en disant **trois**

cents millions de francs par an pour tout l'Empire, sont réalisables et par delà, heureusement. Les articles composant l'Exposé qui va suivre le démontreront, je crois, suffisamment à Votre Excellence.

Pourtant je sais très-bien que la pluralité des agronomes, agriculteurs, etc., qui m'entendraient parler d'un pareil chiffre à réaliser chaque année par suite de progrès agricoles, me diraient que je me fais illusion, etc., sans se rendre le moindre compte du pourquoi ni de la cause : ils me taxeraient d'exagération au plus haut degré, et l'unique cause consisterait en ce qu'ils ne seraient ni observateurs, ni appréciateurs agricoles.

S'ils remarquaient une seule chose bien connue, qu'il y a en France tant de départements, bref, *tel nombre de communes dans tout l'Empire*, et qu'ils se diraient que, terme moyen, grandes et petites, il peut y avoir en France tant de fermes environ, ils remarqueraient aisément que le *total* s'élèverait à **trois cent six millions de francs** environ ; et il est constant que le chiffre noté ci-dessus, par suite de progrès faciles à obtenir dans chaque ferme, est sans doute de moitié environ au-dessous de ce qu'il pourrait être : et je ne suis pas le seul, à beaucoup près heureusement, à avoir fait ce calcul et ces remarques si importantes : remarques qui prouvent jusqu'à l'évidence combien est vaste et quasi incommensurable le champ sur lequel nous opérons.

Je calcule et prends, comme terme moyen par ferme, *quinze* hectares ; et, loin d'être au-dessus de ce que nous pourrions obtenir en progressant, le chiffre de trois cents millions de francs par année est au-dessous, et bien au-dessous, de ce qui arriverait infailliblement dans le cas toutefois, et je le dois dire ici comme simple observation, où notre *bien-aimé*

Souverain, aidé en cela par votre Excellence, Monseigneur, daignerait, par suite d'un examen sérieux de mes idées et indications, examen fait ou fait faire, les juger bonnes et justes ; enfin, par suite d'un décret *ad hoc*, ou arrêtés préfectoraux, les ferait mettre à exécution dans tout l'Empire.

Nul doute que ces revenus, d'un intérêt incalculable, en seraient l'heureuse conséquence, que votre Excellence, Monseigneur, saura sans doute, je crois, apprécier : le tout va être expliqué par les articles séparés ci-après.

Je viens de parler d'un décret : à ce sujet, et le cas échéant où il en interviendrait un à cette fin, il va sans dire que certaines personnes, faute d'instruction, de bon sens, etc,, pourraient dire qu'un décret obligatoire gênerait la liberté individuelle, et que ce serait en désaccord avec les lois qui nous régissent ; mais je crois au contraire, Monseigneur, que toute personne ayant un peu d'érudition et de bon sens conviendra de bonne foi que, suivant les lois qui nous régissent, cela se pratique très fréquemment dans tout l'Empire ,puisque *on peut exproprier, et en effet on exproprie, pour cause d'utilité publique, et qu'il le veuille ou non,* tout particulier, propriétaire , quelle que soit sa condition , serait-il nonagénaire, infirme, etc,; s'agirait-il de la maison par lui-même habitée et où il viendrait finir ses vieux jours. Ces considérations, pourtant majeures, ne sont rien en présence de ce que l'on dit être d'*utilité publique* ; il est connu que, dans tout l'Empire, chaque administration locale use à chaque instant de ce droit voulu par la loi (*cause d'utilité publique*). Hé bien, ici, Monseigneur, ne me permettrez-vous pas d'avoir l'honneur de dire à votre Excellence, quoiqu'elle le sache mieux que moi, qu'il n'est et ne peut ère de *cause* d'utilité publique mise en avant jusqu'à ce jour qui ne soit qu'un *iota* , comparée à celle qui a pour unique but tout ce qui peut faire *la richesse, je dirai plus, la force vitale, l'honneur et la puissance de l'Empire, la robusticité et le bien-être de tous les humains français et surtout des nécessiteux :* enfin *de cette jeunesse , sans cesse appelée à composer l'armée, dont le courage et la valeur plus ou moins grands sont et seront toujours subordonnés à la vigueur, à la force matérielle de chaque homme.* Qu'il est grand le nombre des jeunes gens étiolés, et qui *n'ont aucune autre exemption,* mais que partout les Conseils de Révision se trouvent chaque année dans l'extrème et fâcheuse nécessité de réformer. Rien d'étonnant, et, pour s'en convaincre, Monseigneur, je ne le dois pas dissimuler à votre Excellence, il faut avoir été et être souvent témoin oculaire de ce qu'est malheureusement, et dans beaucoup de départements, la nourriture aussi mauvaise qu'insalubre et peu substantielle d'au moins la moitié des familles, *si vrai* que cela fait pitié à voir et excite la commisération au plus haut degré : enfin la philantropie dont je suis animée m'oblige de citer cela à votre Excellence, Monseigneur.

En finissant mes observations, j'aurai l'honneur d'exposer ici à votre Excellence que, quoi que je n'aie pas l'honneur d'être connu personnellement de Monsieur Feart, notre préfet d'Ille-et-Vilaine , en conséquence premier magistrat de notre département, bien pourtant encore que l'an dernier, au concours de la fête agricole du comice de la ville et canton d'Antrain, le jeune de mes fils et moi eûmes l'honneur de recevoir de ses mains une médaille d'argent grand module et une petite somme , comme récompense touchant notre bonne agriculture ; j'aurai néanmoins l'honneur de dire à votre Excellence, Monseigneur, qu'ayant bien des fois assisté à des banquets et fêtes agricoles, présidés par ce magistrat très-distingué ; frappé que j'étais de le voir répéter plusieurs fois dans les nombreux discours par lui prononcés en public, mais cela avec une énergie et une persistance que je n'ai jamais rencontrées chez aucun magistrat, en priant instamment toutes les personnes de son auditoire, sans distinction de condition, de lui communiquer sans hésitation tout ce qu'elles pourraient savoir d'important ayant rapport au progrès de l'agriculture, qu'elle en seraient récompensées, etc., que la bonne agriculture devait seule faire la force et la richesse de l'Empire et le bien-être de tous les Français ; j'ai dû me décider enfin à peindre toutes mes idées pour les soumettre à la haute appréciation de votre Excellence.

Sommaire de l'Exposé ou Travail.

Article 1er.

Apiculture. — Moyen aussi simple que facile de récolter en France annuellement pour plus de cent soixante millions de francs de miel en plus de ce qui en est récolté.

Article 2.

Engrais humains perdus ordinairement , c'est-à-dire matières fécales et urines comprises. — Moyen de les recueillir partout et d'en opérer aisément la désinfection. — Nécessité du plus haut intérêt pour l'agriculture, la salubrité et la décence de les utiliser.

Article 3.

Engrais ou fumiers des fermes en général. — Moyen simple, qui ne coûterait rien à personne pour les rendre moitié plus riches et fertilisants.

Article 4.

Nécessité de la plus haute importance de détruire partout les plantes parasites vivaces et autres, si nuisibles et qui, dans tant de milliers d'hectares de terre, ont envahi le sol, l'appauvrissent et le rendent infertile en étouffant les céréales et graminées y semées de la main de l'agriculteur : moyen de ce faire.

Article 5.

Guanos de diverses provenances.—— Fraude d'un cinquième environ de son prix, laquelle fraude peut se faire et se fait sans y ajouter aucun corps étranger.—Moyen d'y obvier.— Achat de celui-ci par l'Etat.

Article 6.

Nécessité de l'adjonction du sel aux fumiers des fermes comme matière très fertilisante en agriculture.—Son utilité dans la nourriture de tous nos animaux domestiques.—Combien serait-il important que l'Etat fît des dépôt de tous ses sels bon marché de 2ᵉ et 3ᵉ qualité, et cela dans les chefs-lieux de département et arrondissement, même au besoin de canton.

Article 7.

Plantations d'arbres à fruits fondants, dans les jardins des fermes.—Création de latrines dans toutes les fermes rurales; il y aurait avantage pour l'agriculture, et, d'un autre côté, sous le rapport de la décence et de la salubrité.

Combler les mares d'eau stagnante corrompue et croupissante qui se trouvent devant et tout près les bâtiments des fermes

rurales. — Niveler le sol, en balayer les boues et autres matières ordurières dans toutes les villes, les bourgs et les grands
villages de l'Empire, cela par les habitants, mais toujours au
profit de l'agriculture, soit qu'on afferme ou qu'on en vende le
produit.— Moyen de ce faire.

ARTICLE 8.

Dressage des chevaux par les éleveurs et vendeurs.— Résultat avantageux qui en surviendrait tant pour l'armée que
pour la société. Qu'il serait à désirer que les comices ne les
primassent que dans le cas où ils seraient bien dressés.

ARTICLE 9.

Cours publics d'agriculture, faits gratuitement tous les
quinze ou vingt jours dans tous les chefs-lieux de canton au
moins, et au besoin dans certaines communes.

ARTICLE 10.

Ne serait-il pas avantageux, en vue de la prospérité de
l'agriculture, qu'une légion de chevaliers et d'officiers agronomes fût créée en France?

Avantages présumés qui en seraient la suite.

ARTICLE 11.

Parler aux instituteurs ruraux, et par leur entremise, s'ils
veulent s'y prêter, parler à la presque généralité des
cultivateurs.

Moyen bien simple d'en tirer parti pour l'agriculture.

ARTICLE 12.

Du progrès en agriculture depuis quinze à vingt ans.—
Du prix du pain et de la viande depuis cette époque.—
Pourquoi si souvent de mauvaises récoltes en France, et, par
suite, l'achat chez l'étranger de tant de millions d'hect. de blé.

EXPOSÉ

Art. 1ᵉʳ.

Apiculture.

Monseigneur, il est bien connu qu'en fin d'août 1861, la société des apiculteurs de France a tenu son congrès annuel au rucher-modèle du Luxembourg, à Paris, où environ cent apiculteurs étaient venus de toutes les contrées de la France. Il y a été dit et convenu que cette belle industrie est une *des plus lucratives et des plus intéressantes de la vie rurale;* c'est une grande vérité, car on ne saurait dire combien de grandes misères on pourrait soulager, quelle somme de bien-être on pourrait répandre dans toutes les campagnes en général, en popularisant l'élevage des abeilles dans tout l'empire.

Un apiculteur champenois, instruit dans cet art par son curé, possède aujourd'hui *plus de mille ruches* il va donc sans le dire qu'il y trouve un grand avantage.

L'élevage des abeilles ne demande ni loyer ni capitaux, ni soins assidus; il ne faut pas une heure par semaine pour un très grand nombre de ruches. Rien de plus attachant, de plus instructif pour une famille que ces merveilleuses petites républiques, qui nous donnent une si vivante leçon d'ordre, d'activité, de prévoyance et de défense mutuelle.

Enfin, la société des apiculteurs, dans son congrès de 1861, a constaté que la France produit pour soi-

xante-dix millions de francs par an, en miel et cire.
mais qu'elle en achète encore aussi annuellement à
l'étranger pour soixante millions.

*Moyen d'en obtenir pour environ cent millions de plus
par an sans avoir recours à l'étranger et sans frais.*

En présence de pareils chiffres, qu'on ne saurait
contester, quand on pense qu'il est vrai, Monseigneur
qu'il n'y a presque pas de ruches d'abeilles dans le
quart de la généralité des fermes qui composent le
territoire de l'empire.

Serait-on surpris si, par suite de mesures bien
comprises que votre Excellence pourrait prescrire à
Messieurs les Préfets dans tout l'empire, et par eux
les communiquer à tous les comices avec prière de les
faire publier et placarder dans toutes les communes :
et qu'en outre, une recommandation *toute particu-
lière et spéciale* fut faite à tous les instituteurs de faire
comprendre à leurs élèves combien serait grand
pour leurs parents l'intérêt qui résulterait en leur
faveur de l'élevage et l'entretien d'un grand nombre
de ruches d'abeilles : que même pour cela il n'est
pas nécessaire de posséder des terres, car un seul jardin peut suffire, puisque les abeilles, pour butiner,
vont près et loin, çà et là, ne faisant de tort à personne :
si enfin, par suite de ces mesures, dans le but de populariser généralement l'élevage des abeilles, l'État
mettait à la disposition de chaque comice une somme
qui en vaudrait un peu la peine, en outre de ce qu'ils
ont ordinairement, pour être divisée en prix plus ou
moins élevés, mais uniquement destinés à quiconque,
au prorata de la grandeur de terre exploitée, se procurerait et entretiendrait le plus grand nombre de
ruches d'abeilles; qu'enfin quiconque ne posséderait

pas au moins une ruche par chaque hectare de terre qu'il exploiterait à n'importe quel titre ne pourrait obtenir ni prix ni primes d'aucune sorte dans les comices ;

Serait on surpris, dis-je, si de cette mesure si rationnelle et d'une si *extrême utilité publique,* il en survenait une rente par suite de la surabondance de ce miel et cire, valeur pour la population de l'Etat de plus de cent millions de francs par an, et cela sans par la France en acheter à l'étranger pour soixante millions afin de subvenir à ses besoins.

Oh! qu'il serait majeur le résultat qui en serait la conséquence! En moins de trois années révolues, il s'éleverait à peut-être cent cinquante millions de francs par an ; car chacun qui maintenant ignore l'avantage de posséder des ruches d'abeilles en voudrait avoir et en aurait de plus en plus. On a vu souvent des ruches du poids de soixante à soixante-dix kilog. mais disons qu'en moyenne il ne serait que de vingt, et le chiffre dont je viens de parler serait atteint et par delà.

A cela, Monseigneur, et j'en suis persuadé, Votre Excellence ne trouvera aucun doute, quand on pense surtout que, dans plusieurs départements de la France (l'Ille-et-Vilaine et du Finistère, les plus richement ensemencés de sarrasin, sur la fleur duquel les abeilles trouvent le miel en abondance : ce blé noir fait les huit dixièmes de la nourriture de tous les habitants ruraux de ces deux départements, et aussi la moitié au moins de la classe ouvrière des villes). Il y a des communes où il ne se trouve pas dix ruches d'abeilles ; en un mot, il n'y en a pas la cinquantième partie de ce qu'on pourrait en avoir partout.

Puis encore, dans une foule d'autres départements, il peut y en avoir les quarantième, trentième et vingtième parties de ce qui serait à désirer : pas un seul peut-être en France en possède suffisamment.

Cependant, Monseigneur, c'est bien connu, le miel est une nourriture stomachique très-saine, rafraichissante et généreuse par sa nature ; elle est bien supérieure à celle dont font usage en tous temps les habitants des campagnes même dans l'aisance, et surtout, mon Dieu ! la classe nécessiteuse si nombreuse et pourtant si digne d'intérêt ; car il faut voir, avoir vu un peu partout et vivre au milieu d'elle comme je le fais pour croire ce qui est très vrai et en avoir une juste idée.

Et après tout enfin, la cire, qui fait la base de nos belles bougies si blanches dont nous nous éclairons, n'est-elle pas aussi un grand revenu ?

La France si fière d'un gouvernement sans précédent admiré, jalousé près et loin dans toute l'Europe, cela par suite d'une sollicitude ou préoccupation incessante de la part de notre si bon, si aimé et si généreux Empereur, qui, par une volonté suprême toute providentielle, possède heureusement les clefs d'un pouvoir absolu, serait avec raison de plus en plus fière et riche si, par sa perspicacité, son industrie et son activité, elle pouvait par elle-même pourvoir à tout ce qui est nécessaire à son alimentation ; elle est assez riche pour cela faire en superficie territoriale.

Bref enfin, et vous le savez sans doute, Monseigneur, la société des apiculteurs a dit dans son congrès que la France pourrait produire en miel et cire pour *deux cents millions* de francs de ces deux substances par année, et que, sans en acheter à l'étranger, *elle en pourrait vendre pour cent millions*. Mes vues seraient donc, je crois, Monseigneur, une bien *large et légitime cause d'utilité publique et générale*, tant en faveur de la société que de la richesse de l'Etat.

Art . 2 .

Engrais humains perdus , matières fécales et urines comprises.

Avantages immenses pour l'agriculture à les utiliser. Urgence de les recueillir pour cause de salubrité et décence.

Ici, Monseigneur, j'aurai l'honneur d'exposer à Votre Excellence qu'il est mille fois plus qu'étonnant que dans tout l'empire, dont la presque généralité des habitants sont intelligents, laborieux et surtout si désireux de vivre honorablement en progressant de plus en plus dans tous les arts, sciences et industrie, qu'on n'aperçoive pas la perte pourtant aussi majeure qu'apparente que fait chaque jour, il le faut dire ici, l'agriculture, cela au grand détriment encore de la décence et de la salubrité, en ne recueillant et n'utilisant pas pour une valeur de plus de cent millions de francs par an de matières fécales et d'urines perdues sur la voie publique, partout dans les villes, bourgs, grands villages de l'Empire.

En effet, Monseigneur, quand on pense au si grand nombre de foires, car il y en a des mille et mille qui se tiennent annuellement dans tous les lieux ci-dessus, et qu'on peut remarquer que, terme moyen, il se trouve environ dix mille personnes au moins à chaque foire ; dans certaines grandes villes, il y en a souvent quarante mille et plus ; dans d'autres, trente cinq, trente, vingt, selon l'importance ; il s'en tient fort peu en France où on ne trouverait pas quatre à cinq mille personnes réunies dans la même localité : chacun y passe à peu près tout le jour, et la plupart, surtout les hommes, y boivent et mangent à force, et sont, bien entendu, obligés de satisfaire les besoins de la nature *sur la voie publique*, le long et près les habitations, dans les impasses, sur les champs de foire, où, dans tous ces divers lieux, hommes et femmes sont forcés de le faire en plein public, cela à défaut de latrines publiques, etc. ; d'où il s'en suit indécence et insalubrité au plus haut degré, tellement que, pendant les chaleurs de l'été les miasmes de l'air, dans toute une ville, sont corrompus, et que chacun avec raison se plaint de ce qu'il en soit ainsi ; à peine ose-t-on respirer dans certains endroits : telle est la vérité.

Enfin, Monseigneur, il est très constant que je ne suis pas bien éloigné d'une ville où, dans la grande rue même, se trouve un porche ou impasse ayant voie de voiture, qui conduit dans une vaste cour où sont de de belles habitations occupées par de la bourgeoisie, et sous lequel porche on lit en très gros caractères : « il est défendu de faire ou de déposer ici et sous la peine d'amende. » Quoi qu'il en soit, non seulement les jours de foire, mais encore tous ceux de marchés sans exception, deux hectolitres peut-être d'urine dans un seul jour et souvent de matières fécales y coulent et forment un ruisseau qui va se perdre au bas de la rue. Il en est de même pour ces engrais perdus dans presque toutes les rues, carrefours, impasses, etc. de presque toutes les villes, bourgs, grands villages et champs de foire de toute la France,

En vérité de bonne foi, n'est elle pas incalculable, cette perte si majeure pour l'agriculture, Monseigneur ?

Peut-on nier la grande puissance fertilisante de ces engrais? engrais d'un si haut prix ! engrais enfin qui se trouvent partout et toujours, qu'il ne s'agit que de recueillir sans pour ainsi dire bourse délier, et d'utiliser partout, dans toutes les contrées de la France ; engrais, encore une fois, dont les frais de transport seraient d'une minimité incontestable.

D'où peut donc venir ce quasi-aveuglement touchant nos intérêts chez nous autres agronomes praticiens et théoriciens provinciaux, qui allons si loin, assez souvent jusqu'à deux, trois ou quatre myriamètres de distance de nos fermes, *et à grands frais*, chercher de simples engrais ou amendements qui encore coûtent fort cher, nonobstant qu'il soit d'une vérité aussi palpable qu'évidente que, *dans un seul jour de foire*, nous sommes témoins oculaires qu'environ *dix mille litres, soit enfin un myrialitre d'urines vives, non comprise les matières fécales*, le tout produit par les dix mille personnes qui se trouvent réunies dans une seule foire, *se trouvent à fond perdues* ?

Nous savons cependant que les urines des humains sont encore bien supérieures en puissance végétative et fertilisante au purin de nos animaux domestiques, purin qu'avec raison nous vantons pourtant beaucoup ; car, de même que les urines des humains, il est beaucoup plus actif que l'engrais ou fumier lui-même.

Combien valent donc les dix mille litres d'urine vive et pure, et en outre les matières fécales qu'on pourrait recueillir dans une seule foire ?

Je n'oserais pas à ce sujet, Monseigneur, dire toute ma pensée, c'est-à-dire en fixer ici la valeur réelle. Je me bornerai donc à noter que, quand bien même on n'évaluerait dans le public chaque hectolitre qu'à

2 fr 50 l'un, il y en a cent par myriamètre, voilà
donc un total de fr. 250 ; qu'on y ajoute pour le
produit en matières fécales seulement 30 fr., le total
général serait de fr. 280 ; et il est constant que, pour
quiconque en connaîtrait, par suite d'expérience, la
valeur réelle, tout serait vendu presque moitié plus
cher.

Bref, j'aurai l'honneur d'observer ici à Votre
Excellence, Monseigneur, que je suis à portée
d'apprécier savamment la valeur réelle de ces engrais,
puisque pendant les années 1853, 1854 et 1855,
autorisé que j'étais par l'autorité locale compétente
de la ville chef-lieu d'arrondissement de Mayenne
(Mayenne), dont la population agglomérée est 12,000
âmes au moins, je faisais faire et opérer seul et pour
mon propre compte, cela journellement, en plein
jour et non la nuit, la vidange de toutes les fosses
d'aisance de la susdite ville ; j'étais autorisé à le faire
en plein jour, vu qu'au moyen du sulfate de fer
et de l'acide acétique pyroligneux, on obtenait en
quelque la désinfection complète des matières dans
chaque fosse.

Ce n'était pas dans un but commercial que je le
faisais, mais bien pour utiliser et employer ces
engrais sur les domaines et dépendance de Grand-
Pierrelay, en Belgeard, près la ville de Mayenne, de
laquelle dépendance j'étais encore naguère fermier-
général à prix d'argent.

Avant de terminer cette partie si importante de ma
tâche, Monseigneur, je dirais de rechef que le total de
280 fr. en produit vénal *pour un seul jour de foire*, total
bien au-dessous de ce qui devrait être réellement,
ferait au profit de chaque localité, *un revenu qui
en vaudrait la peine*, je pense, et en outre un grand

bienfait en faveur de l'agriculture : bienfait, j'ai l'honneur de l'observer ici à votre Excellence, Monseigneur, *vivement désiré* par de savants agronomes, qui, ainsi que moi-même, ne peuvent s'expliquer *qu'il soit encore à réaliser* dans l'immense intérêt de la société toute entière.

Si on calculait maintenant, Monseigneur, que, dans toute l'étendue territoriale de l'empire, il se trouve tel nombre de villes, de bourgs, de villages, dans chacun desquels il se trouve enfin tel plus grand nombre encore de foires par année : que dirait-on d'un tel chiffre en revenu totalisé ? et d'un si grand bienfait pour l'agriculture ?...

Mais, qui plus est, ne serait-on pas plus étrangement surpris encore, et quasi ébahi, je le pense, quand on verrait et saurait qu'il reste à y ajouter le produit des jours de marché de chaque semaine qui, dans un nombre, un grand nombre de localités, sont aussi forts que de moyennes foires ; en outre *celui du dimanche et de tous les jours de la semaine,* cela non seulement dans tous les lieux où se tiennent des foires, mais encore *celui obtenu dans toutes les communes et grands villages de l'empire.*

N'est-il pas vrai, Monseigneur, que nous devrions avoir partout en France des motifs vraiment péremptoires d'utiliser les engrais dont je viens de parler, j'en citerais ici plusieurs. — Le premier consiste en ce qui est arrivé par la fécondité qu'ils produisirent dans la plaine, après la création de la ferme impériales de Vincennes, propriété à notre bien aimé souverain, qui a daigné nous en donner un exemple modèle ; ferme assurément sans égale et créée sur un sol inculte, brûlé par le soleil, sol qui ne comprend pas moins de 250 hectares d'étendue. Lorsqu'on entreprit le défrichement de cette vaste plaine, vers le mois d'octobre 1858, une fois le terrain nivelé et labouré ne s'empressa-t-on pas, pour l'enrichir ensuite, d'utiliser tous les engrais du fort, restés précédemment sans emploi et qui consistaient en urines et matières fécales : les heureux résultats obtenus par suite de la végétation luxuriante de toutes les plantes sur ces terres incultes et ingrates parlaient aux yeux de tous les visiteurs, qui en étaient dans l'admiration, si bien que le bruit s'en répandit près et loin. Que faut il donc de plus pour nous convaincre ? un second motif non moins péremptoire et ne laissant aucun doute sur l'*extrême indispensabilité* des engrais en sont les opinions des agronomes aussi savants que distingués dont les noms, les remarques et dires suivent :

« Dites ce que vous voudrez ; faites ce que vous pourrez, *tout sera inutile*, si vous ne commencez par améliorer le sol par d'abondants fumiers ; ce doit être votre pensée dominante : appliquez-y surtout votre volonté, votre énergie, et votre persévérance. » (Jacques Bujault.)

« Nous l'avons vingt fois démontré, le mal c'est l'insuffisance des engrais. » (Dezeimeris.)

« La question de la production, de l'aménagement des engrais est une de celle qui méritent le plus d'appeler l'attention des sociétés d'agriculture et des comices. » (Barral.)

« C'est une chose déplorable de voir *avec quelle négligence* on laisse perdre les engrais. Les sociétés d'agriculture rendraient un véritable service, si elles encourageaient, par tous les moyens dont elles disposent, l'économie, la production des engrais. » (Boussingault.)

« Rien de bien, rien de bon possible en agriculture, sans force fumier, force composts. » (Guichard.)

« Les engrais doivent être considérés comme la base de la culture des terres. » (Dombasle.)

« Ne perdez rien, absolument rien de tout ce qui peut faire des engrais ; vous aurez le secret des bons cultivateurs et la vie a bon marché. » (Amédée Bertin.)

« La ferme, en dépit de tous les cultivateurs, ne produit jamais qu'une partie des engrais que le sol réclame » (Dujonchay.)

« Nous manquons de fumier, dit-on de tous côtés : aussi, pauvre agriculture, pauvre cultivateur, tout ce tient, le mal vient du manque d'engrais. » (Dupeyrat.)

Combiens d'autres agronomes que je pourrais citer encore ici qui parlent dans le même sens, et tous depuis de si longues années : quoi qu'il en soit, Monseigneur, pas ou fort peu de progrès dans cette voie ; la preuve en est apparente et en ressort d'elle-même. Votre Excellence le comprend mieux que quiconque par ce qui vient de se passer dans les deux dernières années qui vennent de s'écouler, l'achat à l'étranger d'environ douze millions d'hectolitre de blé ; l'année précédente et, trop souvent, il nous en a fallu, antérieurement, de presqu'aussi énormes quantités venues de l'étranger, pendant *qu'il est vrai, très vrai,* Monseigneur, que nous pourrions nous suffire à nous-mêmes, et, qui plus est, lui en vendre.

Il est donc précieux, très précieux, d'un prix, d'une valeur incalculable pour notre bel empire et ses habitants, ce trésor dit fumier et engrais connu, trouvé, mais trésor que nous dédaignons ou qui nous éblouit, nous le laissons sans nous en emparer. Un bon, infaillible et unique moyen de le posséder prochainement, ce trésor, existe, ce ne peut-être, je crois Monseigneur, que par votre seule entremise que faire se pourrait de l'obtenir : il consiste uniquement dans l'obtention d'un décret de notre si vénéré Empereur, qui ne le refuserait pas, sans doute, à Votre Excellence, Monseigneur, si elle daigne trouver bon de le demander, ou sinon par suite d'arrêtés préfectoraux puisqu'il s'agirait de salubrité et décence, on arriverait aux mêmes fins.

Moyen de recueillir les engrais des humains perdus sur la voie publique, matières fécales et urines en général.

Ici, Monseigneur, j'aurai l'honneur d'exposer à Votre Excellence que, suivant mes idées longuement mûries à ce sujet, il serait avantageux et même indispensable que, dans chaque localité sans exception, villes et bourgs, grands villages et champs de foires, *dans tout l'Empire*, il fut créé, ou mieux, établi un nombre plus ou moins grand, suivant l'importance de la localité et des foires, *de latrines publiques et réservoirs à urine également.*

Les frais de ces innovations si utiles, si avantageuses sous tous les rapports, ne pourraient-ils pas être payés, partie minime par les communes sur le budget, et la partie majeure par l'État?

Celles des communes dont les ressources budgétaires seraient insuffisantes ne pourraient-elles pas, au moyen d'un emprunt local, autorisé par MM. les Préfets du ressort, arriver également au but désiré?

La valeur productive annuelle des engrais recueillis, vendus ou affermés à quiconque, ou même ramassés (je dirai dans un autre article comment), couvrirait en peu de temps tous les déboursés et avances faits par les communes.

Les frais nécessité pour réaliser l'entreprise ne pourraient être considérables, mais je n'en saurais faire le chiffre.

Chaque latrine ne pourrait-elle pas être faite en forme de guérite où les militaires montent la garde, mais moins élevée ?.

Une porte ayant un crochet en fer à l'intérieur serait très-utile pour que chaque personne pût s'y enfermer ; dans ce cas, les femmes elles-mêmes y seraient en sûreté, il y aurait décence ; au haut de la porte à l'extérieur, on y lirait : *Latrines publiques ;* et, pour motif de propreté, le siège à l'intérieur ne devrait être, suivant ce que je pense, qu'une barre en bois de dix centimètres au plus de largeur ; le surplus de l'espace à aller au fond, derrière le dos serait vide ; mais cette barre servant de siège devrait, je crois, pouvoir au besoin se lever d'un bout au moyen d'une simple ferrure, cela afin qu'on pût aisément vider la fosse, qui pourrait consister dans un grand baquet en bois lié avec cercles en fer et garni de zinc à l'intérieur. Ce grand baquet serait placé dans un trou pratiqué *ad hoc* dans le sol.

A défaut de baquet, moins dispendieux, un trou dans la terre bien muré et même dans le fond avec de la chaux hydraulique serait suffisant je crois.

Et pour ce qui est des réservoirs à urines où, je crois, on pourrait encore s'enfermer à cause décence, il me semble qu'un grand baquet comme celui dont je viens de parler, mais à orifice étroit très évasé, un trou vers le fond avec une bonde et deux anses en fer pour le prendre avec des leviers, afin de le vider aisément et en peu de temps, seraient, ce me semble, tout ce qu'il faudrait.

Au reste je n'ai point la prétention de savoir comment le tout devrait être confectionné, ce serait ici l'affaire d'un homme de l'art.

Il est bien connu que, dans tous les bourgs, grands villages, champs de foires et villes, il y a beaucoup d'emplacements convenables à y établir des latrines publiques.

Moyens de désinfection.

Le sulfate de fer, même employé seul, et si l'on veut y joindre un peu d'acide acétique pyroligneux, le tout dissout dans quelques litres d'eau, suivant la grandeur de la fosse : puis mélangé bouillant et jeté tel dans la fosse; remuer en suite fortement, pendant *trois à quatre minutes au plus*, avec une forte perche, et instantanément l'odeur méphitique se dégage et se volatilise très haut dans l'air où elle se perd : et, placée ensuite que serait une personne sur le bord de la fosse même, elle n'y sentirait aucune odeur répugnante.

Le sulfate de fer seul serait suffisant; et quand bien même on y joindrait l'acide acétique pyroligneux, la dépense pour chaque fosse d'aisance ne pourrait s'élever que depuis 40 centimes à 1 franc au maximum, suivant la grandeur de la fosse : mais je puis affirmer ici que, pour les latrines dont je viens de parler, qui seraient vidées souvent, suivant l'urgence, la dépense ne pourrait s'élever à plus de 40 centimes. On trouve ces deux substances chez tous les droguistes dans les villes et à *très bas prix*. — L'acide acétique pyroligneux est liquide. Le sulfate de fer vaut de 8 à 10 francs les 50 kilos: l'acide acétique pyroligneux liquide se vend de 10 à 12 francs l'hectolitre.

En terminant cet important article, Monseigneur, j'aurai l'honneur d'observer à Votre Excellence que je crois indispensable, pour parvenir a ce qu'il n'y eût nulle part soit matières fécales ou urines perdues, et que chacun, tant pour la décence que la salubrité et dans le haut intérêt de l'agriculture, fût obligé dans l'Empire d'aller, tant les jours de foires que de marchés et aussi sur la semaine, satisfaire les besoins de la nature dans les latrines publiques, à au moins cent mètres de distance des villes, bourgs, grands villages et champs de foires (bien entendu qu'il y aurait exception pour toute pesonne ayant, dans sa cour ou jardin clos où aller), qu'un décret à cette fin fût rendu obligatoire pour quiconque ; ou, à défaut de décret, des arrêtés préfectoraux partout et dans tout l'Empire, lesquels seraient publiés et placardés généralement une quinzaine auparavant la mise à exécution : et qu'une amende de 1 fr. au moins fût payée partout délinquant, y compris les enfants agés de dix ans révolus, et de 1 fr. 50 c. par toute autre personne qui serait dans un état complet d'ivresse. Suivant mon avis, le montant de ces amendes payées par les délinquants tournerait au profit du comice agricole du canton desdits délinquants ; car les comices ont toujours grand besoin de ressources pécuniaires, qu'ils ne possèdent malheureusement pas.

Encore ne serait-il pas indispensable, Monseigneur, que, dans toutes les communes, petites ou grandes, où il n'y a ni commissaire, gendarmes ou garde-champêtre, l'autorité locale, dans ce cas, eût à choisir et nommer un homme probe, père d'une nombreuse famille, demeurant dans le bourg, lequel, par suite de sa nomination, porterait le titre d'agent d'agriculture, et aurait pour mission, tous les jours sans exception, de donner suite contre quiconque contreviendrait soit au décret ou à l'arrêté ; de le désigner au maire de la commune, pour, par ce dernier, le faire citer en simple police si, sur le champ ou dans un délai de quelques heures, il ne payait, entre les mains du maire, l'amende par lui encourue. Un petit registre, à ce destiné, serait tenu soit par le maire ou son secrétaire, afin d'y consigner les noms et amendes reçues des délinquants ; il en serait de même dans toutes les autres localités de l'empire où il n'y a ni foires ni marchés.

Et pour ce qui est de la rétribution en faveur des individus en général chargés de donner suite contre quiconque commettrait des infractions aux décrets ou arrêtés préfectoraux, je pense que le quart de l'amende suffirait, et cette simple rétribution les engagerait à bien surveiller et s'acquitter de leur mission.

Nota. — N'est-il pas encore à propos pour prouver péremptoirement l'aveuglement où nous sommes en ce qui concerne l'emploi en agriculture de tous les engrais humains perdus sur la voie publique ou ailleurs, de citer ici quelques mots de M. Malagutti, célèbre professeur de chimie agricole à la faculté des sciences de Rennes (Ille-et-Vilaine).

Chacun peut lire dans son cours de chimie agricole, par lui professé en 1859, à Rennes, et publié sous les auspices de Monseigneur le Ministre de l'agriculture ; ce qu'il en dit dans la cinquième leçon de son cours, page 77, dans les trois premiers alinéas, dont je me bornerai à copier ici mot pour mot le troisième, page 77 :

« Faites une autre expérience, adressez-vous au
« premier maire venu d'une ville ou d'une forte

« bourgade et dites lui que les déjections mixtes de
« chaque millier de ses administrés *en y comptant les*
« *enfants,* pourraient servir *à fumer abondamment*
« *37 hectares de terre*; il vous répondra qu'il n'en
« doute pas, et peut-être même qu'il le sait mieux
« que vous. Or, veuillez bien me dire combien de
« villes et bourgades de notre Bretagne utilisent les
« vidanges au profit de l'agriculture. *Il y en a, mais*
« *elles ne sont pas longues à compter.*

ENCORE UN DERNIER MOT SUR LES DIVERS GUANOS.

On lit dans la sixième leçon, page 39 du cours de
chimie agricole par le savant M. Malaguti ce qui
suit. « Tandis que la France jette à la mer tous les
« ans pour *des millions de millions* de substances
« fertilisantes sous la forme de déjections humaines,
« elle va bien loin pour en chercher qui portent le
« nom de guano.

« Il faut qu'elle ait de très fortes raisons pour
« aller acheter au Pérou, au Chili et que sais-je où,
« une grande partie de sa nourriture ; car en définitif,
« les vingt millions de kilogrammes de guano qu'elle
« consomme annuellement et qu'elle paie à raison de
« 38 à 40 francs les 100 kilogrammes se transforment
« en pain et en viande.

Maintenant moi, Hardy Chasserie , auteur de
cette brochure , j'ajouterai à ce que vient de dire
le savant, très savant chimiste, M. Malaguti , qu'en
achetant ainsi le guano , c'est par la France acheter
absolument de l'étranger *et chaque année ,* pour des
milliards de francs de pain et viande : c'est incontestable ; et tout cela faute d'engrais que nous
perdons en France, et d'autre part que nous ne

nous donnons pas la peine de fabriquer nous
mêmes, bien que nous en possédions tout les maté-
riaux.

Qu'on ajoute encore à ces énormes dépenses par la
France en faveur de l'étranger, les autres milliards de
francs qu'on lui donne encore si souvent pour paiement
de grains achetés en nature, à un prix élevé tantôt 6,
8, 10 et même 12 millions d'hectolitres pour une
seule année; le tout et toujours par suite de nos
mauvaises récoltes en France, et pourquoi cela? faute
d'engrais; c'est une vérité connue, comprise de tous
les savants et clairvoyants agronomes et agriculteurs
français. De telles dépenses si énormes, je dirai
même si monstrueuses, mais aussi palpables qu'irré-
cusables en doute, ne donnent-elles pas à réfléchir sur
l'avenir de la population et de la situation de notre bel
Empire dont la grande richesse et le bien-être de tous
git dans le sein de son étendue territoriale, qui ne
peut s'enrichir *sans force engrais, force composts
de toute nature.*

La population augmente de jour en jour et l'unique
moyen de pourvoir à son alimentation et à son bien-
être, est la grande, mais très grande production des
engrais, par tous les moyens possibles; ce qui n'arrivera
pas sans mesure coërcitives, soit décrets, arrêtés préfectoraux, encouragements et sacrifices par l'État :
telle est mon opinion, telles sont celles des plus savants
et sérieux agronomes et agriculteurs français, dont les
talents ne peuvent laisser aucun doute sur ce sujet.

Je copie ce que dit M. Malaguti dans son troisième
alinéa page 39 déjà cité ci-dessus, il dit: » Lorsqu'on
voit le gouvernement français frapper d'un impôt
les guanos importés sous pavillon étranger; lorsqu'on
voit la cosonmmation de cet engrais diminuer en

Angleterre d'année en année d'une manière notable ; quand des agronomes éclairés proclament le guano comme *l'engrais le plus cher*, tandis que d'autres non moins instruits, le déclarent le moins coûteux, n'a-t-on pas le droit de chercher où est la vérité, s'il est vrai ainsi qu'on l'a prétendu que les avantages dûs à son enploi, soient plutôt pour les spéculateurs que pour les agriculteurs ?

Suivant Garcilosa de la Vega, le guano fut exploité comme engrais, pour la première fois vers la fin du 13ᵉ siècle sous le règne Jahuar-Huacac, septième Empereur du Pérou; l'Europe ne l'a connu qu'au commencement de ce siècle, et elle n'en consomme de grandes quantités que depuis une quinzaine d'années, avant 1859. Pour donner une idée de la masse de guano que l'agriculture européenne absorbe, il suffira de dire qu'en 1836, le Pérou lui en a envoyé 77 navires, et nous ne comptons pas toute la portion qu'elle a reçu du Chili, de Bolivie, de Patagonie, d'Icabohë, de Saldanha, d'Arabie, de Sardaigne, et même des montagnes du Jura.

Des voyageurs du 18ᵐᵉ siècle s'accordent à dire que les oiseaux de mer qui peuplent les îles les plus riches en guano, telles que Chincha et les Patillas, sont si nombreux, *que l'air en est obscurci*. Si nous ajoutons que les lois des Incas prononçaient la peine de mort contre quiconque chercherait à effrayer ou à tuer les oiseaux marins à l'époque de leur ponte ou de leur incubation, nous nous expliquerons cette grande accumulation de matières fertilisantes.

Le détail, par M. Malaguti, sur les divers guanos serait trop long, qu'il me suffise à moi, auteur de cette brochure de dire qu'il est aisé de voir qu'il y a nombre de provenances de guanos parmi lesquels il est bien

connu et a été constaté par l'analyse de chacun d'eux,
qu'il y en avait de moitié et plus, d'autres un tiers,
un quart plus ou moins riches en matières fertilisantes.
Quoiqu'il en soit et qu'il en arrive en France dé presque toutes les provenances, en conséquence de tout
prix suivant sa *richesse fécondante*, ou mieux fertilisante, il n'en est pas moins vrai, que presque partout
en général, il est vendu 40 francs au moins les 100
kilog. *comme guano pur Péruvien*. Peut-on donc
douter de la fraude dont il est si susceptible? Peut-on
douter d'où vient par suite, la perte en grain etc, sur
les récoltes de toute nature? Peut-on encore douter
de la cause qui fait que notre sol reste pauvre et s'appauvrit de plus en plus en même temps que l'or de la
France va chez l'étranger qui en profite ainsi qu'une
foule, *je ne dirai pas tous*, de spéculateurs marchands
de guano?

Jamais au reste, le guano *eu égard à son prix
trop élevé*, n'indemnise assez le laboureur qui l'em-
ploie. Il est donc évident très évident et du plus haut
intérêt pour létat, afin d'obvier à toute déception sur
ces prix, qualités, provenances et résultats, que d'ici de
nouvelles mesures obligatoires prises par le gouvernement français lui-même , pour aviser partout les
moyens dont il a droit de disposer de nous procurer et
faire moitié plus d'engrais que nous n'en avons et
faisons presque partout ; il est donc de son plus haut
intérêt, dis-je, de le tirer lui-même, pour son propre
compte, des lieux provenances, et de le faire vendre
au public par quiconque, mais à prix de revient,
tous frais sagement calculés.

Ce n'est pas, vous le savez Monseigneur, une affaire
ni un sujet politique que je traite, non plus même
que des intérêts personnels, commerciaux même im-

portants ; mais bien un sujet d'une utilité très-urgente
d'un intérêt du plus haut degré et incalculable pour
quiconque : car il ne s'agit rien moins ici que de la
vraie fortune de l'Empire, de sa plus grande force,
comme aussi du bien être général de tous. Le grand et
puisant moteur est avant tout l'engrais ; sans l'engrais
encore une fois rien de bon, rien de bien en agriculture,
c'est connu : l'engrais fait dans de bonnes conditions,
et employé à doses suffisantes , *fait des miracles,
toujours et partout, même dans les sols les plus pauvres ;* il triomphe des *intempéries des saisons ; en un
mot c'est un trésor, mais l'unique et véritable* trésor,
sur la quantité et qualité duquel repose la plus grande
force et richesse d'un état ainsi que la fortune et le
bien-être de tous ses habitants.

Art. 3.

**Engrais ou fumier des fermes rurales. Moyen
simple ne coûtant rien à personne pour le
rendre moitié plus fertilisant.**

Le préjudice si grave qu'éprouve toujours et en
tout temps l'agriculture, dans un grand nombre de
départements de l'Empire , n'est dû absolument
qu'à la profonde ignorance sur la valeur, la compo-
sition et le soin qu'on doit avoir des engrais ; ignorance ou aveuglement, où sont plongés *et ne sortent
pas, quoi qu'on leur dise,* des milliers et milliers de
fermiers, ceux surtout qui, comme dans beucoup de
départements, le sont à prix d'argent et non à colonie
partiaire. Cela , Monseigneur, mérite à un très-haut
degré, dans l'intérêt de ces gens-là et de toute la société,
votre sollicitude si généreuse pour leur bien-être.

Tout en signalant à Votre Excellence les abus qui existent, j'aurai l'honneur de lui exposer, en peu de mots, les moyens bien simples qui, selon moi, suffiraient pour y remédier : *ils ne coûteraient rien à personne.* Voici les faits,

Dans l'*Ille-et-Vilaine*, où je suis, le Finistère et beaucoup d'autres départements, on voit, dans la presque généralité des fermes, chez les gens dont je viens de parler, le fumier des animaux jeté çà et là épars dans quelquefois six ou huit endroits divers des cours et étrages, sans être ni entassé, ni pour ainsi dire amoncelé : il y a donc déjà , par ce fait, insalubrité.

Ce fumier est donc là étendu, c'est le mot, et soumis ainsi à l'action ardente du soleil, qui le dessèche en lui enlevant grande partie des sels alcalins, de l'azote et enfin de principes fertilisants qu'il possède ; d'un autre côté, le purin qui en sort est perdu sans ressource, et l'eau pluviale à son tour, le lave et le dégraisse en le pénétrant : le tout fait que trois mètres cubes d'un tel engrais ou fumier n'en valent *pas un* assurément d'un fumier fait dans de bonnes conditions. Sans m'étendre ici pour exposer à Votre Excellence, Monseigneur, tout ce qu'il faudrait faire pour avoir du fumier par excellence, ce dont je crois me dispenser de voir, en raison de ce que cela ne remédierait pas au mal qui existe, je me bornerai à avoir l'honneur de vous faire part, Monseigneur, du moyen aussi simple que serait grande son efficacité, si vous daignez partager mes vues à ce sujet et les mettre à exécution.

Ce moyen consisterait encore dans un décret ou arrêtés préfectoraux obligatoires et exécutoires près et loin partout, de la part de la généralité des agriculteurs, sous peine aussi d'une amende d'un franc en faveur du

comice du canton du délinquant qui, comme et de la
même manière que je l'ai dit dans le précédent article,
serait signalé et poursuivi au besoin avec la même
indemnité en faveur de celui qui constaterait l'infraction, *car, sans cela, le mal radical perdrait peu de son
intensité.*

Dans ce cas, serait regardé comme délinquant
tout agriculteur de n'importe quelle condition, et cela
dans tout l'Empire, qui, dans le jour ou le suivant
que le fumier serait sorti des lieux où il a été fait par
les animaux, ne l'auraient pas entassé avec soin, soit
en forme oblongue ou carrée, mais élevée assez haut,
à pic surtout, et autant que possible au nord
des bâtiments ou sous de grands arbres à l'ombre,
quoiqu'éloignés des troncs de ceux-ci, de manière enfin
à obvier à ce que l'action du soleil et celle de l'eau
pluviale puissent lui porter préjudice.

Ce moyen, tout simple qu'il est, j'ai l'honneur de
l'affirmer ici à Votre Excellence, Monseigneur, ferait
qu'un tiers au moins d'hectolitres de froment, dans
chaque ferme où règne le mal que je viens de citer,
y serait enfin récolté en plus que précédement, et,
partant de là, les fermiers ignorants si nombreux qui,
à aucun prix, ne veulent sortir de la routine ni croire
ce que leurs disent des hommes capables, ouvriraient
enfin les yeux sur leurs nouvelles récoltes et finiraient
par trouver avantageux les conseils qui leur seraient
donnés à l'avenir. Peut-être plus d'un million de
francs par an, valeur en grain, et c'est pour moi et
d'autres savants apréciateurs une profonde conviction,
serait récolté en plus de ce qui arrivait les années
précédentes : ne serait-ce pas encore la raison d'être et
de dire *qu'il y a utilité publique et générale* pour
aviser à une mesure coërcitive.

ART. 4.

Nécessité de la plus haute importance de détruire partout les plantes parasites vivaces et autres si nuisibles, qui, dans tant de milliers d'hectares de terre, ont envahi le sol, l'appauvrissent et le rendent infertile en étouffant les céréales et graminées y semées de la main de l'agriculteur. Moyen de ce faire, de les convertir en engrais dit détritus de végétaux, et de récompenser les agriculteurs qui détruiraient sur leurs fermes soit tout ou partie d'icelles plantes. — Recueillir et utiliser près et loin partout les bouillons et balayages des rues.

Cet article, Monseigneur, en raison de son importance touchant l'augmentation considérable, incalculable encore de richesse publique de l'Empire, richesse qui gît dans le sein de tant de milliers d'hectares de terre, dont partie riche en humus par elle-même, partie moyenne et l'autre pauvre ; mais le tout, quoique très-susceptible de donner de riches produits, ne rapporte néanmoins, quoique labouré et ensemencé depuis des années, presque rien, ou du moins pas la valeur à beaucoup près du travail qui y est fait.

Cet article, dis-je, méritera, je pense, Monseigneur, toute l'incessante bienveillance dont Votre Excellence daigne user ordinairement en faveur de tout ce qui peut contribuer à la prospérité de l'agriculture, et, par là, à la plus grande richesse de l'Empire.

Suit ci-après le détail des faits vrais et palpables pour tous ceux qui ont vu ou verraient toutes les terres ou fermes dont je vais parler.

Dans les départements d'Ille-et-Villaine, du Finistère et beaucoup d'autres, on remarque depuis longues années, souvent dans les trois quarts des fermes, l'existence de beaucoup de plantes parasites vivaces et autres, on ne peut plus nuisibles et épuisantes, lesquelles vont de plus en plus se multipliant, et par la même leur présence ombellifère et suffocante dans les récoltes, et nonobstant qu'elles apauvrissent le sol, obvie à un produit même chétif.

N'es-ce ce pas plus que malheureux et déplorable? ne pourrait, et qui plus est, ne devrait-on pas se demander où est donc notre progrès en agriculture?

Moyen de détruire ces mauvaises plantes et par là même de retirer de bons produits du sol.

C'eut été, suivant l'avis d'hommes très éclairés, philantropes, vivement désireux de contribuer puissamment au bien-être de la société, et en particulier à celui des nécessiteux, le premier *de tous les progrès à envier et à réaliser;* j'en démontrerai, dans un autre article, la preuve et l'évidence; car tous les autres moyens qui ne tendent pas *directement à récolter dès grains en abondance,* tels que les instruments perfectionnés, l'amélioration des races de nos animaux domestiques, etc, ne sont assurément que *secondaires et tertiaires : puisque faute d'abondance* de grain combien de centaines de millions de francs, faut-il donner à l'étranger?

Le véritable et infaillible moyen de détruire ces plantes si pernicieuses à l'agriculture, serait à la vérité un peu dispendieux, il est vrai; mais, Monseigneur, vous le savez mieux que quiconque, à grands maux grands remédes, et dans cette occurrence, j'oserai et aurai l'honneur de soumettre à l'appréciation de votre Excellence, Monseigneur, ce qu'après nombreuses recherches et réflexions minutieuses à ce sujet, des hommes très capables et ainsi que moi même, entièrement dévoués au grand progrès agricole, ont cru et croient toujours être le plus prompt, le plus énergique, en un mot le meilleur de tous, le voici :

Il s'agirait soit d'un décret *ad hoc ;* il va sans dire qu'un seul décret pourrait régler nou seulement tout ce que j'ai mentionné précédemment, mais encore tout ce qui aurait rapport ci-après dans d'autres articles ; puisque le tout a directement trait à l'agriculture et *est par essence l'objet du plus haut intérêt possible et de cause très légitime d'utilité publique et générale :* soit à défaut de décret, des réglements ou arrêtés préfectoraux obligatoires puisqu'il y a urgence et intérêt public. Je dirais donc que si par suite d'un décret etc, les administrations locales de toutes les communes et et dans tout l'Empire, (il pourrait y avoir quelques exceptions pays et départements et certaines villes,) chaque administration était autorisée et obligée de prendre à ferme , ou acheter, suivant l'importance de ses ressources budgétaires, un petit morceau de terre d'environ un quart ou demi-hectare d'étendue , suivant la grandeur de la localité, et duquel l'accès avec voiture fut facile ; celui-ci serait dans ce cas, *le lieu public ,* serait destiné uniquement dans chaque commune à recevoir pour y être déposées en gros tats, toutes espèces de parasites vivaces et autres ombellifères et nuisibles par leur développement, qu'il conviendrait à quiconque des habitants de la commune d'y amener avec voiture, et que suivant la plus ou moins mauvaise espèce de plantes chaque petite voiture qu'on nomme vulgairement camion ou tombereau à un cheval, qui y serait amenée, fut payée au fermier, rendue au dépôt, une somme minime et variable suivant les circonstances à condition expresse que ces plantes posséderaient *en parties majeure leurs racines :*

chaque fermier amènerait à sa volonté, tout au plus tard avant leur floraison, et elles devraient être bien entassées dans le lieu de dépôt par le conducteur lui même et pour ce qui serait de la réception de ces susdites plantes, au lieu de dépôt. une commission composée trois à cinq membres nommée *ad honores*, le Maire président, compris, laquelle serait choisie soit par ce dernier ou le conseil municipal, parmi les plus zélés cultivateurs de la commune ; cela fait ; chaque membre par rang d'âge se transporterait sur le dit lieu de dépôt, à jour fixe, heure convenue, deux ou trois fois par mois, et y recevrait encore jusqu'à telle heure, quiconque amènerait des plantes dont est question. Ensuite sur un petit carnet ad hoc, seraient notés les noms des chefs de ferme, de même que le nombre de voitures par eux ou de leur part amenées le prix accordé, suivant que les espèces de plantes seraient reconnues être plus ou moins nuisibles par leur nature.

Pour ce qui serait du paiement à en faire et par ou au compte de qui ? Ici, Monseigneur, vos lumières votre extrême sagacité ayant pour base *la haute importance des faits*, seraient les guides de Votre Excellence : seulement je crois que pour le plus grand bien de l'entreprise, il serait bon qu'une somme de..... destinée au paiement des mauvaises plantes, fut pendant quelques années, votée annuellement par qui de droit, et prélevée sur le budget de l'état.

De tout ce que dessus, il résulte évidemment, Monseigneur, qu'il serait loisible à chacun de se débarrasser de ces mauvaises plantes nuisibles, et d'être payé pour ce faire, cela encore nonobstant le grand avantage qu'il y trouverait en nettoyant son sol et récoltant bien davantage à l'avenir, peut-être plus de moitié : dans ce cas, et pour atteindre infailliblement le but désiré, c'est-à-dire, la destruction presque complète des plantes si pernicieuses aux récoltes : il serait de *la plus haute importance, et d'un intérêt général,* que le décret, arrêtés ou règlements obligatoires dont j'ai parlé, voulut que ceux des fermiers, dans chaque commune et dans les champs desquels les agents de l'autorité et aussi ces hommes dont j'ai parlé ci-devant et qu'on pourrait nommer avec raison agents d'agriculture, portant au bras une plaque sur laquelle on lirait agent d'agriculture ; constateraient par procès verbaux que, dans tel champ de telle ferme exploitée par un tel, il s'y trouve dans environ telle étendue, telles et telles plantes nuisibles, fleuries, grainées etc.

Les visites seraient obligatoires de temps à autre par les agents en général, surtout au commencement de juillet chaque année, mais dans le midi de la France vers la mi-juin.

L'amende payée pour les délinquants, ne devrait selon moi, pas être au dessous de cinq francs MINIMUM, jusqu'à 30 idem maximum, le tout suivant la gravité de l'infraction commise.

Les agents en général, devraient prêter serment en cela avec loyauté dans leur âme et conscience, leur rétribution pourrait être d'un à deux fr. par chaque infraction constatée et déclarée au délinquant qui serait appelé sans frais d'abord par une lettre de la part de M. le juge de paix du canton qui statuerait et jugerait.

Le greffier en tiendrait une simple note dont il donnerait le double au maire de la commune qui lui même recevrait le montant de l'amende et en tiendrait ou ferait tenir par son secrétaire un petit régistre ad hoc, et le maire serait responsable envers l'état des fonds reçus.

Les agents seraient retribués par les maires sur le montant des dites amendes soldées, ils en recevraient un récépisse.

Ne serait-il pas bon, qu'une moitié de l'excédant tournerait au profit de la commune, et l'autre à celui cantonal d'icelle.

Maintenant, tel que vous le comprenez, Monseigneur, cette quantité considérable de mauvaises plantes, formerait comme résultat dans chaque commune, des tas énormes d'engrais connus sous le nom de détritus de végétaux, et pour en augmenter encore la quantité et en même temps la qualité, il serait bien important que le décret, etc, dont j'ai parlé, obligeât tous les habitants même ceux des plus petits bourgs et grands villages dans toutes les communes de l'Empire, à bien balayer au moins une fois la semaine à jour fixé, et à mettre en monceau avec défense de s'emparer du tout ou partie sous peine d'amende en faveur du comice, puisque le tout serait pris sur la voie publique, chacun en face de ses bâtiments, même dans toute la largeur de la rue s'il n'y en avait pas d'autres vis à vis.

Ces bouillons des rues, ainsi nommés, sont composés de matières ordurières très fertilisantes, mélangés qu'ils devraient être par tas de dix à vingt mètres cubes avec les plantes nuisibles dans le lieu du dépôt public où ils pourraient être avantageusement vendus au profit des communes, formeraient un excellent compost qui conviendrait particulièrement aux prairies, dont le plus grand produit étonnerait chacun qui en ferait usage.

Pour peu d'argent, MM. les maires feraient dans leurs communes respectives, voiturer, chaque semaine

les monceaux provenant du balayage qui devrait être
fait dès le matin. Un fermier du bourg même qui
pour une somme minime prélevée sur la valeur ou
vente du produit, le pourrait faire année entière,
encore serait-il bon que les administrations locales
en prenant à ferme à prix d'argent le lieu du dépôt
en question si elle ne pouvaient l'acheter même au
moyen d'un petit emprunt communal qui serait bientôt couvert par les nouvelles ressources locales ;
mettraient dans leurs conventions qu'elles auraient
le droit, *si elles voulaient en user*, de prendre, sans
pour cela payer davantage , dans le périmètre
du morceau de terre en question, tel nombre de
voitures de terre qu'il leur semblerait bon , afin
de l'utiliser au besoin en la joignant aux composts
dont j'ai parlé ; car possible serait, que cela fut indispensable, tout en augmentant la valeur des composts
et aussi la qualité.

Au résumé enfin, n'est-il pas vrai, Monseigneur,
que s'il en était ainsi, chaque localité posséderait un
bon et riche magasin, c'est le mot, d'engrais à la disposition de tous les cultivateurs de la commune. Cet
engrais serait d'autant plus riche que chaque administration au lieu de vendre ou affermer à l'année, les
urines et matières fécales du bourg et grands villages,
les pourrait faire conduire au lieu du dépôt public et
mélanger également avec les autres matières dont j'ai
ci-dessus parlé ; partant de là, cet engrais ainsi enrichi
et composé , serait très bon à tout en agriculture.

Ce ne serait pas un minime avantage pour chaque
commune, mais une grande ressource et un immense
bienfait en faveur surtout de la petite culture, car
souvent très souvent même, il arrive aux fermiers
de la petite et moyenne culture, lesquels ont *si grand*

besoin de protection, n'ayant pas ou presque pas du tout de fumier, de très chétifs animaux de travail pour en aller chercher toujours à de longues distances, le prix du transport par autrui très dispendieux, leurs ressources pécuniaires très exigues, effrayés qu'ils sont de se voir dans cette plus que fâcheuse position, *souvent bien proche voisine de l'indigence;* ils se voient dans la fâcheuse nécessité de semer leur grain quand bien même *avec peu et presque pas d'engrais* qui je le dois dire est encore de qualité inférieure par suite de l'ignorance profonde où il sont de ne le pas savoir aménager convenablement.

Il est à propos de noter ici, que les fermiers que je designe sous l'expression de petite et moyenne culture, occupent et cultivent à eux seuls environ un tiers de toute la surface territoriale, et à défaut par eux d'une bonne agriculture, *jamais de grande abondance de grain.*

Partant de là, que de récoltes presque nulles, est-ce étonnant? Ne serait-il donc pas bon, et d'un haut, très haut intérêt pour ces malheureux fermiers, aussi pour la société toute entière d'y obvier au plutôt !

Le moyen que je viens d'avoir l'honneur de soumettre dans cet article à l'appréciation de Votre Excellence, Monseigneur, me semble le plus efficace et le plus puissant sous tous les rapports.

Je ne saurais terminer cet article où il est question de produire par tous les moyens possibles d'engrais; sans citer ici les opinions et dires d'agronomes dont les connaissances ne peuvent être mises en doute, touchant l'indispensabilité extrême de la quantité, de la masse des engrais qu'il nous faudrait en France et dont nous avons un si pressant besoin : besoin prouvé par ce qu'en ont dit tous les agronomes les plus compétents sur la matière ; et péremptoirement prouvé encore, par les trop chétives récoltes de grain qu'en général nous faisons en France *et y feront toujours* tant que nous resterons dans la voie ou nous sommes touchant les engrais fumiers, composts et amendements. Votre Excellence daignera je le pense, remarquer, ici, Monseigneur, que dans l'article précédent je n'ai pas cité les agronomes dont les noms et dires suivent.

« A toutes les époques, dans toutes les régions, la
« prospérité de l'agriculture à toujours été proportion-
« née à l'importance attachée aux engrais. La disette
« des engrais est la seule cause de *la stérilité d'un*
« *pays*. C'est en vain que l'on perfectionne les métho-
« des de culture, si l'on néglige les sources de la fé-
« condité du sol. Pourquoi, l'orsque l'on manque
« partout de fumier d'animaux, *négliger l'engrais*
« *humain*, le plus actif et qui coûte si peu à recueillir,
« à conserver? *ce que l'on perd pourrait faire pro-*
« *duire au sol le quart des denrées nécessaires à la*
« *population toute entière* (Girardin.)

« Tous les efforts des cultivateurs doivent tendre
« à se procurer la plus grande quantité possible
« d'engrais, et au meilleur marché possible.
« (Joigneaux.)

« Ce ne sont pas les terrains qui manquent en
« France, ce sont les engrais. (De Labaume.)

« Il est notoire que notre agriculture souffre avant
« tout, de *l'insuffisance des engrais*. (Moll.)

« La préparation, l'aménagement et le bon emploi
« des engrais sont les bases fondamentales sur les-
« quelles l'agriculture repose. (Payen.)

« On peut juger de l'agriculture d'un pays à la « manière dont les cultivateurs traitent leur fumier. « (Boussingault.)

« L'engrais est l'instrument le plus puissant de la « production abondante et à bon marché. (Royer.)

« Un bon assolement est une excellente chose, de « bons instruments aratoires sont précieux, mais « tout cela *n'est rien* sans les engrais.

« *Le plus grand de tous les maux de l'agriculture* « *c'est la perte des engrais qui a lieu partout.* Ne pas « perdre d'engrais, en produire le plus possible, les « bien soigner, les employer judicieusement, est « l'amélioration la plus importante qu'on puisse « introduire dans l'agriculture. (Villeroy.)

« L'industrie ne saurait trop fournir d'engrais « pour subvenir à l'impuissance actuelle de l'agricul- « ture, et la mettre à même d'en créer beaucoup à « son tour. (De St Priest.)

« En utilisant tous les excréments humains, et « toutes les matières animales, ce serait suppléer à « l'insuffisance des engrais. (Sehattenman.)

Il est donc palpable qu'il y a unanimité d'opinion sur l'importance de la question des engrais, cela suivant les dires de tous les agronomes. Mais enfin, Monseigneur, j'ai l'honneur de le redire ici encore à Votre Excellence, cela est écrit dans les livres, dans les journaux, depuis plus de vingt à trente ans; et quoiqu'il en soit, c'est encore aujourd'hui le très petit nombre des agriculteurs qui s'occupent sérieusement des engrais: plus des trois quarts : *non, aucunement* ; et tous les engrais perdus, matières fécales urines, suie de cheminées, bouillons et balayage des rues et dans toutes les communes de l'Empire. Il est notoirement connu que si notre très Auguste Souverain, aidé en cela, je ne saurais trop le répeter , par votre Excellence son illustre ministre de l'agriculture, Monseigneur , ne daigne élever une voix puissante pour faire agir chacun d'une extrémité à l'autre de notre bel empire, jamais sa richesse, sa force et sa puissance, ne seront que l'ombre de ce qu'ils pourraient être réellement.

En terminant cet article touchant la destruction des plantes les plus nuisibles qui, si on le peut dire ainsi, sont de véritables cancers rongeant sans cesse le sein de la terre, je crois à propos, Monseigneur, de désigner ici à Votre Excellence les plus pernicieuses dans les départements d'Ille-et-Villaine et circonvoisins.

Avant tout et à ce se sujet, Monseigneur, Votre Excellence ne trouverait-elle pas prudent que Messieurs les Maires en général, dans leurs communes respectives, auraient la faculté de recommander à leurs agents de concert avec le conseil municipal, de détruire surtout de préférence telle, telle ou telle espèce ; cela serait locale et produirait je pense de très bons résultats.

Noms et familles des plantes excessivement nuisibles.

1° La patience dite vulgairement *Parèle*. (Famille des polygonées.)

2° Les chardons en général. (Famille des carduacées.)

3° L'avoine bulbeuse, connue sous le nom vulgaire de chiendent à chapelet ou à oignons, et aussi les gros chiendents traînants et le petit à racines traçantes. (Famille des graminées.) Cette avoine bulbeuse dite chiendent à chapelet, est désastreuse sous tous les rapports, et se reproduit à l'infini, tant par ses bulbes, (oignons) que par ses graines multinombreuses.

4° La moutarde sauvage, nom vulgaire *Russe* (famille des crucifères.)

5° La Viperine, (famille bes Borraginées) nom vulgaire grouint d'âne.

6° La fougère (famille des acotylédones), cette plante qui n'est ombellifère que par son grand développement, croît en diverses saisons et reprises, elle détruit pour ainsi dire des récoltes entières de froment et autres grains, et ses racines multiples et traçantes appauvrissent le sol étonnamment; elle devrait être arrachée deux ou trois fois l'année, printemps, été et automne.

7° Vesce à feuilles étroites. (famille des papillonacées), nom vulgaire, grand gerzeau.

8° Lentille velue. (Famille des papilionacées.) Nom vulgaire, petit gerzeau. Ces deux dernières plantes détruisent presqu'entièrement des récoltes de froment.

9° Le crysantème inodore. (Familles des pradées.) Nom vulgaire, grande paquerette.

10° La carotte sauvage. (Famille des ombellifères.)

11° L'ivraie, plante enivrante très commune dans les froments. (Famille des graminées.)

12° Pavot ou Coquelicot. (Familles des pavéracées.) Terme vulgaire, ponceau.

13° L'yèble. (Famille des caprifoliacées.) Terme vulgaire zïèble ou zièbre.

14° Ravenelle. (Famille des crucifères.)

15° La Mercuriale annuelle ou Remberge. (Famille des euphorbiacées.) Nom vulgaire remberge, elle est une des plus nuisibles et très-dangereuse, en ce qu'elle cause des pissements de sang aux animaux et qu'assez souvent elle envahit le sol dans des récoltes entières.

16° La mille feuille. (Famille des radiées.) Nom vulgaire, herbe au charpentier. Cette plante à cause de ses racines multiples et traçantes, envahit souvent le sol, l'appauvrit et est très pernicieuse aux récoltes.

Inutile qu'il serait d'en désigner quantité d'autres bien nuisibles encore, j'aurai l'honneur d'exposer à votre Excelleuce, Monseigneur, que si celles dont je viens de parler disparaissaient du sol de l'empire, et que celui-ci recevrait une bonne quantité des engrais dont j'ai parlé plus haut et qui malheureusement sont perdus sans ressource, ce serait alors et avec raison qu'on pourrait dire : il est aussi fort que riche; car par suite d'une émulation sans exemple, en raison du progrés obtenu et qu'on obtiendrait sans cesse par ce moyen, chacun à l'envie voudrait se distinguer, et le sol devenu propre produirait aisément le double que précédemment.

Il est constant et j'ai l'honneur de l'affirmer ici à votre Excellence, Monseigneur, que tant qu'une si grande partie du sol de la France sera infestée, envahie telle qu'elle est en ce moment-ci, par une quantité si considérable de plantes tellement nuisibles qu'elles obvient à presque tout produit, *jamais, non jamais, quoi qu'on fasse, cette si belle et bonne France ne nous pourra donner véritablement une grande abondance de grain.* Cela, Monseigneur, est bien connu et souvent répété par nombre d'agronomes et agriculteurs très-recommandables. On ne saurait donc trop faire de sacrifices pour détruire ces plantes, sinon le moindre hiver, un tant soit peu contraire par suite de l'intensité, soit du froid ou de l'humidité, nous force, subito, d'avoir recours à l'étranger pour acheter de celui-ci des *dix à douze millions d'hectolitres de froment dans une seule année !* Quand on pense un instant au capital soldé en numéraire pour cet achat, cela ne fait-il pas frémir et refléchir? En un mot aviser aux moyens que nous possédons et qu'il ne tient qu'à nous de mettre en pratique, pour obvier à des dépenses si énormes et si calamiteuses pour un état, dépenses quasi ruineuses pour la classe laborieuse de la population, et enfin quasi l'unique cause que des millions de nécessiteux tombent à la charge de la charité publique, ce qui après tout, devient trés-onéreux. Votre Excellence, Monseigneur, saura, dans sa sagesse et en vue du bien-être de tous, apprécier les faits dont il est ici question.

ARTICLE 5.

Guanos de diverses provenances. Fraude d'un 5ᵐᵉ environ sur son poids sans y ajouter aucun corps étranger.

Moyen d'y obvier. — leur achat par l'État

Cet article, également d'un très-haut intérêt pour la fécondité des terres en général, mérite encore, je le crois, votre attention, Monseigneur.

Beaucoup d'agriculteurs savent qu'il y a diverses provenances de guano, mais trop peu connaissent la grande différence de leurs divers prix et richesse, même de la fraude dont ils sont l'objet, et susceptibles, fraude qui trop souvent y est faite une fois qu'ils sont arrivés en France auparavant de les livrer au commerce. Ils passent en beaucoup de mains autres que celles des laboureurs qui les utilisent sur leurs fermes, et il est facile de comprendre que si ce n'est Pierre qui les fraude, c'est Paul ; d'autant plus que rien n'est plus aisé sans même y ajouter le moindre corps étranger.

De là le guano perd le quart ou au moins le 5ᵐᵉ de sa valeur, de sa puissance végétative, perte majeure pour les fermiers dans leurs mauvaises récoltes, perte également pour la société, perte enfin pour le sol même. Les fraudeurs de guano sont les seuls gens qui y trouvent leur affaire, mais elle est majeure pour eux, cent fois majeure, surtout quand on pense que c'est un engrais qui depuis de longues années se vend en général environ 40 centimes le kilogramme. (Celui du Pérou.)

Il est constant, du moins je le crois, Monseigneur, que parmi les négociants qui font venir les guanos de leurs provenances, il y en a de probes sans doute, mais ces guanos passent entre trop de mains avant d'être mis en terre, pour que la fraude qui peut s'en faire aisément, soit le moins du monde douteuse, Monseigneur; il suffit pour s'en convaincre très-profondément de lire une notice scientifiquement raisonnée, par M. Girardin, et qui, en prouvant savamment les diverses différences de richesse de tous les guanos livrés au commerce, démontre évidemment que les moins riches indépendamment de la fraude qui sans doute y est faite, sont très-souvent vendus comme provenant du Pérou et de la Bolivie dont la richesse surpasse de beaucoup celle de ceux de toutes les autres provenances. De là quelles déceptions? Quelles pertes? et pour qui?

Aussi M. Girardin termine-t-il sa notice (trop étendue pour la copier ici) en disant: « Vous voyez par « ces documents combien il est important que le « cultivateur, avant d'acheter du guano, en fasse « l'essai ou s'il ne peut s'y livrer lui-même faute « d'habitude, en confier l'examen sérieux à un chi- « miste. Cela est bien, mais on doit remarquer que « sur cent cultivateurs, un seul tout au plus, le pour- « rait faire, car le déplacement, les frais, etc., sont des entraves *infranchissables pour la généralité.*

Moyen dont on se sert pour frauder le guano.

Il suffit, aux personnes qui le possèdent, de le déposer tel qu'il leur est parvenu, même en sac plombé, dans un lieu frais, humide et privé d'air ; au bout de douze ou quinze jours, le guano s'il était sec aura gagné de huit à douze kilogrammes de fort poids par chaque cinquante kilogrammes, selon la provenance. vu qu'il y en a qui soumis à l'intensité de l'humidité s'en empare plus ou moins, mais dans tous tous les cas, de beaucoup en jetant, sur le sol où on voudrait déposer du guano pour le frauder, beaucoup d'eau, il y aura intensité d'humidité, et ainsi la fraude serait accomplie sans ajouter aucun corps étranger.

Provenance des Guanos.

1° Il y en a du Pérou. 2° De la Bolivie. (Ce sont les plus riches.) 3° D'Ichaboë. 4° De la Patagonie. 5° De la baie de Saldanha. 5° Des îles Galapagos, (Équateur), 7° Des îles Jarvis et Baker (Océan pacifique). 8° Enfin du Labrador.

Leurs divers prix de vente dans le commerce devraient être en rapport avec leurs richesses, mais nullement: les moindres sont très-fréquemment vendus comme et aux prix des meilleurs et plus riches, rien d'étonnant en ce qu'il est impossible à tous les laboureurs d'en juger.

Après tout, M. Girardin, si capable d'apprécier la différence d'entre eux par l'analyse qu'il a faite de chacun, explique clairement dans la notice dont j'ai ci-ci-dessus parlé, que le guano de la baie de Saldanha qui n'est pas pourtant encore le moins riche de tous, n'a fourni à l'analyse sur trente échantillons que un trente-cinq d'azote et cinquante-six quatre de phos-

phate. Il résume en disant que la valeur de cent kilogrammes de ce guano ne peut être évaluée qu'à dix francs soixante-neuf centimes. Il ajoute : « Comme
« ce guano est habituellement vendu entre 25 et
« 27 fr. les cent kilogrammes, cela met le kilog.
« d'azote à 22 ou 24 fr. Et comme pour équivaloir,
« sous le rapport de l'azote, à 400 kilogrammes du
« guano du Pérou, il faudrait onze cent vingt-cinq
« kilogrammes du premier, il en résulte qu'avec
« celui-ci, la fumure de l'hectare reviendrait à 281 fr.
« et même 303 fr. Ces chiffres en disent plus que les
« meilleurs renseignements. » Nota. — Cette appréciation est exactemeut copiée sur la notice.

Tel que votre Excellence en daignera juger s'il lui plaît, monseigneur, *le cas est grave, le mal est grand, très-grand, extrême !*

Le premier guano qui parvint en France y arriva en 1842, il venait du Pérou, par voie d'Angleterre d'où il fut apporté d'abord en petite quantité par les soins de feu M. Louis Allard Defarcy du Poseray, pour en essayer sur les propriétés du château du Roseray et dépendances (Mayenne), dont j'étais et ai été pendant longues années le régisseur, et où, sans vanité, j'ai fait des preuves pour moi honorables en agriculture.

Très-satisfait que je fus des résultats obtenus par suite des expériences que j'en faisais, et convaincu de l'avantage de son emploi, car son prix dans le temps n'était que de 23 à 31 fr. les 100 kilogrammes rendus à Laval (Mayenne), pour quiconque en désirait.

Je savais d'un autre côté, que depuis qu'il fut connu en Europe par les soins du célèbre naturaliste de Humbolt, au commencement de ce siècle, les agriculteurs du Brésil en faisaient usage et avaient

rendu propres à la culture du maïs des plaines sa-
blonneuses complètement infertiles avant l'introduc-
tion de cette substance ; cela corroborait donc mon
opinion sur sa très-grande utilité, aussi j'en employai
pendant de longues années successives, je ne saurais me rappeler pour combien de mille francs, et toujours avec succès.

Dans l'année même 1842, MM. Girardin et Bidard,
alors membres de la société centrale d'agriculture de
Rouen, en firent l'analyse chimique en observant qu'il
dépassait en puissance toutes les matières animales
à l'exception de la *morue salée, du pain de Crétons
des chiffons de laine.* Il se composait, suivant eux,
d'urate d'ammoniaque, d'oxalate de potasse, idem
de chaux, de phosphate d'ammoniaque, idem de
potasse, idem de chaux et magnésie, enfin de sulfate
de potasse, de chlorure de potassium et de matières
grasses à fortes doses. Il était donc très-riche et
pourtant son prix modique plus était d'un quart moins
élevé, par 100 kilog., qu'aujourd'hui.

Je n'en parle ici à votre Excellence, Monseigneur,
que pour lui signaler une fois de plus cette si grande
différence de prix, nonobstant encore cette perte
énorme par suite de la vente des guanos inférieurs
aux prix des supérieurs, et comme venant des plus
riches provenances, et enfin de la fraude de toute
nature qui sans doute aucun y est faite.

Il y a plus, ceux qui nous viennent des îles Baker
et Jarvis dont il y a des dépôts au Hâvre chez M. Louis
Cor; à Nantes, chez M. Peloutier, aîné, à Bordeaux,
chez MM. Faure, frères ; et encore à Marseille, chez
MM. Martin et Cavagna. Dans ces dépôts on obtient
celui de Baker à 24 fr. les 100 kilog. avec une
remise de dix pour cent à l'acheteur des dix mille

kilos, et celui Jarvis a 20 fr. les 100 kilos, avec même remise, ce qui en diminue de beaucoup le prix principal.

Qui sait si trop souvent ces guanos à prix réduits, ne se trouvent pas fréquemment entre les mains de marchands qui les vendent le même prix que ceux provenant du Pérou qui réellement sont moitié plus riches, j'aurai l'honneur d'expliquer ici à votre Excellence, Monseigneur, un motif assez palpable pour que cela puisse arriver et arrive, en effet, très-fréquemment. Voici ce motif.

En juillet 1860, M. le docteur baron Justus von Liebig, président de l'académie royale des sciences, et professeur de chimie à Munich, fit sur les guanos des îles Baker et Jarvis, et en faveur de leurs qualités, un rapport analytique excessivement long et détaillé que j'ai sous les yeux, mais qu'il serait inutile de noter ici; seulement, suivant des analyses bien des fois répétées, dit-il, sur chacun d'eux, il les vante beaucoup, donne la préférence à celui de Baker, ajoute même, dans une phrase de ce rapport, que le guano Baker contient en ammoniaque, acide nitrique et substances azotées près de un pour cent d'azote efficace, et qu'il n'est besoin que d'une petite quantité de sels ammoniacaux pour donner à cet engrais la puissance végétative du guano du Pérou; il va jusqu'à dire qu'on peut remplacer les sels ammoniacaux par le sel ordinaire de cuisine, dit muriate de soude; telle est son expression.

Possible après tout, Monseigneur, que le rapport dont je parle soit consciencieusement fait, je n'y connais rien ; mais il va sans dire que ceux qui ont en dépôt de ces guanos pour les vendre, et qui ont en même temps un grand nombre d'exemplaires de ce rapport imprimé ne manquent pas de le faire parler haut. Si ce guano esr aussi riche que celui du Pérou, pourquoi l'extrême différence de prix?

Ainsi donc, en considération de tout ce que dessus dans cet article, Monseigneur, ne serait-il pas évidemment d'un bien grand intérêt pour l'agriculture et la société toute entière, que l'achat des guanos pris sur les lieux de provenance fût fait pour et au compte de l'Etat, que des dépôts d'iceux, fussent placés dans toutes les contrées de la France, chez des personnes responsables et dont la probité serait bien connue, (une juste rénumération, pour elles bien entendu, seraient accordée), et que tous frais sagement calculés par qui de droit, ils seraient vendus partout à prix de revient. Il serait impossible de calculer la perte énorme faite chaque année en France sur les récoltes de toute nature, cela par suite de déceptions sur les effets des guanos fraudés, vendus trop chers, etc., etc., etc.

Ce sont toujours ordinairemeut les pauvres laboureurs de la petite et moyenne culture qui en achètent et sont trompés; *de là des récoltes quasi nulles.* Il n'y a qu'un très-petit nombre d'agriculteurs éclairés à en faire usage, cela par suite des motifs déduits ci-dessus il y a vraiment une perte majeure évidente pour quiconque sait compter, enfin c'est un dommage incalculable répété chaque année au détriment des laboureurs de la société et du sol de la France qui s'appauvrit en produisant des récoltes chétives, il est vrai, mais sans presqu'aucune fumure.

Ah! s'il en était ainsi, Monseigneur, que tous les guanos fussent vendus et achetés pour et au compte de l'Etat, on pourrait dire alors que ce bienfait, pour la prospérité de l'agriculture, serait un véritable progrès vivement désiré et obtenu, surtout si le gouvernement mettait entre les mains de chaque dépositaire de ces engrais un grand nombre de simples instructions indiquant la manière de l'employer; quelques lignes imprimées sur un petit papier un peu plus grand qu'une carte à jouer, suffiraient, et seraient remises aux acheteurs par les vendeurs.

Il est bien connu aussi qu'il y a peu de cultivateurs à savoir l'utiliser judicieusement, et la perte tant pour eux que pour la société est majeure.

C'est toujours dans l'intérêt de l'agriculture que j'ai l'honneur de signaler à votre Excellence, Monseigneur, tout ce qui peut, selon mes faibles lumières lui être utile ou pernicieux.

Les diverses substances dont est composé le guano deviennent pour la pluspart facilement gazéïfiables, et leur extrême dilatabilité est toujours une cause de bénéfice ou de perte, selon le mode plus ou moins bon de leur emploi.

L'action du soleil sur la terre où il est déposé, tend à en dégager les matières gazeuses qu'il contient à l'état solide; l'humidité unie à la chaleur accélère la fermentation, et les principes volatils fertilisants se précipitent dans l'atmosphère en telle abondance que les plantes ne peuvent en absorber qu'une petite quantité, il y a donc evidemment perte, mais perte trésgrande.

Moyen d'employer le Guano.

Dans tous les cas, il y a perte de l'employer pur surtout pour son usage en couverture, je veux dire sur la terre, la perte est presque toujours de moitié et souvent davantage, suivant le temps qu'il fait, ou la saison plus ou moins favorable au moment de son emploi.

Il ne s'agit que d'y incorporer en volume au moins égal à celui du guano, soit cendres ou charrée et même aussi un peu de terre sèche en poudre, et à défaut de cendres ou charrée, la terre seule bien réduite en poussière et bien mélangée avec le guano est suffisante employée ou semée en couverture; on doit préférer l'étendre vers le soir et autant que possible par un temps couvert, frais ou même pluvieux.

ARTICLE 6.

Nécessité de l'adjonction du sel aux engrais ou fumiers des fermes, et à la nourriture de la majeure partie de nos animaux domestiques.

Avantages pour l'agriculture, de faire, par l'État, de ces sels inférieurs, bon marché. cela dans nombre de contrées de la France, autant que possible.

En peu de mots, j'aurai l'honneur de soumettre ici à votre Excellence, Monseigneur, mes idées sur l'usage du sel en agriculture.

Le sel si puissant par sa nature, nous le savons par expérience, nous serait d'un secours majeur par son adjonction qui, judicieusement faite à tous nos engrais, fumiers, terreaux et compasts, les enrichirait étonnamment.

Il en serait de même de l'eau salée, par aspersion faite d'icelle, sur les divers fourrages que nous faisons consommer à nos animaux domestiques.

Le sel, même en nature, peut être aussi employé avec avantage et mélangé au fourrage. Il en est de même pour l'utiliser dans la nourriture de tous les porcs qui en France sont une source féconde de si grands produits.

Les bons résultats de l'emploi du sel en agriculture sont connus assez pour en faire usage et le populariser, si son prix actuel, je parle de celui que nous consommons dans nos cuisines, n'était encore trop élevé.

Mais ici, Monseigneur, en vue d'un bien grand progrès pour l'agriculture, progrès à réaliser encore, votre Excellence ne trouverait-elle pas nécessité, urgence même, à ce que tous les sels de qualité inférieure, dont l'État peut disposer ou pourrait se procurer seraient par l'État placés çà et là, surtout dans les départements produisant peu en général, et dont le sol ainsi que ceux qui le cultivent ont un besoin plus pressant de récolter et de progresser.

Ne serait-il pas encore bon, si votre Excellence en jugeait ainsi, Monseigneur, qu'il en fût donné comme récompense et encouragement, à cinq ou six fermiers par commune ; à ceux enfin, les plus nécessiteux et travailleurs, mais dont les fermes seraient ou auraient été par eux, le mieux purgées de plantes parasites vivaces et autres nuisibles ? cela, ce me semble, Monseigneur, serait bon à pratiquer, en raison de l'extrême exiguité de ressources pécuniaires des gens dont je veux parler qui, par leur position trop précaire, le sol pauvre qu'ils cultivent pourtant avec courage, sont néanmoins désolés de voir que, si bien qu'ils fassent, ils ne peuvent jamais prétendre au moindre prix donné par nos comices agricoles ; c'est une vérité, mais vérité pour eux plus que désolante.

N'en serait-il pas de même, en cas d'insuffisance de sels inférieurs, d'aviser à un moyen qui, je crois, serait simple ? Il s'agirait de décharger de ce que de raison du droit de douane, chaque année une certaine quantité de sel, je parle de notre sel de cuisine, que pour en éviter sa consommation ménagère, il fût, par les douaniers, mis en mixtion avec les sels inférieurs.

Vos lumières, Monseigneur, feront que dans sa sagesse, votre Excellence daignera justement apprécier, s'il lui plaît, toute la haute portée d'un si pressant besoin, tant pour la santé, l'élevage et l'avenir de nos animaux domestiques, que pour la bonne qualité de nos engrais, fumiers, terreaux et détritus de végétaux mis en composts, et par suite, de la prospérité croissante de l'agriculture.

Article 7.

Plantation d'arbres à fruits fondants dans les jardins des fermes rurales. Création de latrines par les fermiers eux-mêmes. Combler vis-à-vis et près les bâtiments desdites fermes, les mares d'eau stagnante et corrompue.

Dans cet article dont le détail va être concis, j'aurai l'honneur d'observer à votre Excellence , Monseigneur, que sinon la généralité, du moins la très-grande pluralité des jardins des fermes rurales, qui ordinairement sont bons et fortement fumés, sont cependant presqu'entièrement dépourvus de tout arbre à fruits fondants (poiriers) et à noyaux (pruniers, pêchers et abricotiers). C'est réellement un bien

grand vide et une perte pour chacun, vide qui n'est
dû qu'à l'indifférence et plus souvent à l'ignorance
des fermiers ruraux.

Pour y remédier ou mieux combler ce vide, ne
serait-il pas possible, sans frais pour l'Etat, mais par
suite d'une circulaire ministérielle, émanée de votre
pouvoir si étendu, Monseigneur, adressée à MM. les
Préfets des départements, et par suite de laquelle ces
magistrats engageraient fortement tous les comices
en général à n'accorder aucune prime, à partir d'un
an et jour après l'avertissement donné, à quiconque
ne prouverait posséder dans son meilleur jardin, tout
au moins quatre jeunes poiriers à fruits fondants,
deux pruniers, deux pêchers et deux abricotiers, le
tout à fruit quittant le noyau ; ces deux dernières
espéces d'arbres viendraient très-bien, à défaut de
mur dans les jardins, le long d'une haie au midi ;
seulement serait-il important que les fermiers fussent
prévenus de ne mettre, en plantant les arbres à
noyau, aucun fumier ou engrais au pied, mais de
bon terreau, sinon les fébriles des racines de ces trois
espèces d'arbres seraient de suite échauffées et brûlées
par le fumier, puis en moins de deux ans, l'arbre
lui-même s'étiole et périt. Au moyen d'affiches placardées aux frais des comices, il serait indiqué en
quelques lignes comment les planter.

Maintenant, Monseigneur. n'y aurait-il pas décence,
salubrité et avantage pour les fermiers en général, si
chacun dans son jardin faisait une fosse d'aisances
et l'abritait avec des branches d'arbres et gaules que
chacun a chez soi et sous la main ; bref enfin, façon
comprise, la dépense ne serait que d'une seule
journée de travail par chaque fermier, et en jetant
de temps à autre dans ces fosses, tel que je le fais

faire à mes fermiers, **de** la feuille et des menues pailles, le minimum du produit, par année et par chaque ferme, serait de quinze à vingt francs de valeur en engrais très-bon. Qu'on calcule la grande valeur, si cette simple mesure qui ne ferait délier la bourse à personne, était généralement partout obligatoire, ce qui serait vivement à désirer, car en agriculture surtout, on ne saurait nier que les petits soins font les grands bénéfices, comme les petits ruisseaux font les grandes rivières. Je crois même que sans décret, MM. les Préfets, dans leurs départements, pourraient très-bien, par des arrêtés et par motifs de décence et salubrité, vouloir que dans chaque ferme il y eut des latrines, sous peine d'une amende en faveur du comice agricole du canton.

Autre chose aussi déplorable dans plus de la moitié des fermes rurales de beaucoup de départements, Monseigneur, c'est l'existence, devant, derrière et tout près des bâtiments, de mares ou cavités d'eau stagnante et corrompue ; de là insalubrité et également danger pour les enfants de deux ou trois ans de s'y noyer, ce dont trop souvent nous avons vu et voyons des exemples.

Ici, Monseigneur, ne serait-il pas encore d'intérêt public et général qu'une mesure obligatoire, afin d'obvier au danger dont je viens de parler, obligeât chacun, sous peine d'amende encore en faveur des comices, à les combler et à niveler le terrain ; il y aurait, bien entendu, exception pour ce qui serait l'unique abreuvoir *possible* à telle distance de la maison manable, abreuvoir indispensable pour y faire boire les animaux de la ferme. Un arrêté préfectoral pourrait, je crois, prescrire cette mesure.

Article 8.

Dressage des chevaux par les éleveurs, possesseurs ou vendeurs. — Avantages qu'y trouverait l'État pour l'armée, ainsi que tous ceux qui en font usage. — Moyen de ce faire et d'arriver à cette fin.

Cet article, Monseigneur, serait à mes yeux d'une bien grande importance, car il est vrai qu'à toutes les nombreuses foires où je me suis trouvé, près et loin, dans divers départements de la France, et aussi aux divers concours pour les chevaux qui devaient y être visité par des commissions hippiques, j'y ai remarqué, avec peine ainsi que tous les spectateurs, que les chevaux en général semblaient presque être autant à l'état sauvage pour ainsi dire qu'à celui de domesticité.

En effet, Monseigneur, chacun est plus que surpris de voir ce qui se passe ; à peine si leurs maîtres ou conducteurs peuvent les retenir, c'est au point qu'on n'en approche qu'avec la plus grande crainte, on ne peut les essayer et visiter que très-imparfaitement ; si pour les essayer on veut les faire aller doucement au pas, ils vont le grand trot, si on exige le trot, ils prennent le grand galop sans aucun train un tant soit peu reglé, et quoi que ce soit des gens qu'ils doivent bien connaître, ils ne peuvent les retenir ; ils vont de travers, lèvent le derrière, etc. On voit souvent des chevaux âgés d'un et deux ans et qui n'ont pas encore eu de licol à la tête : cela est de notoriété publique et très-dangereux. Aussi que de malheurs chaque année ? que de personnes blessées ou tuées sur les champs de foires et sur les lieux des concours ; des chevaux tués ou blessés également, si bien que l'an dernier je fus témoin occulaire d'un de ces malheurs arrivé dans la ville de Fougères (Ille-et-Vilaine). Une assez belle jument de quatre ans, vendue plus de cinq cents francs, venait d'être attachée au moyen de sa bride, au pied d'un arbre sur le champ de foire même ; son maître la quitta un instant, et la bête, sans avoir eu peur, mais à défaut d'être habituée à être à l'attache au besoin, (car il y a encore beaucoup de fermiers qui n'attachent jamais leurs chevaux chez eux, même à l'écurie, vu, disent-ils, qu'ils se connaissent), elle tira si fort en arrière que la bride se rompit ; la bête tomba sur le dos et se tua sur le coup. Si quelques personnes qui étaient tout prés se fussent trouvés dessous, elles auraient pu subir le même sort, dans le moment je n'en étais pas à plus de six mètres de distance.

Combien souvent arrive-t-il, Monseigneur, que des chevaux qu'on a pris aucun soin de dresser un tant soit peu, sont vendus dans les foires et marchés, et que ceux qui les ont acheté les mettent à des voitures légères à petit trait, ces chevaux s'emportent, tuent ou blessent gravement leurs conducteurs ; il se passe peu de semaines dans l'année sans que nous apprenions par nous-mêmes ou par les journaux quelque nouveau malheur à déplorer.

Vous savez, Monseigneur, que la race chevaline possède, à un bien haut degré, une faculté intellectuelle et un instinct, et presque tous les fermiers ne l'ignorent pas eux-mêmes, elle est très susceptible d'instruction. Si donc, dès qu'un poulain d'espèce dont on attend quelque chose, est *âgé de deux à quatre mois* soit le maître ou quiconque de sa part, lui mettait un licol, et que pour le conduire à la pâture, quoique accompagné de la mère, cet homme le caressait et lui parlait et qu'il en fut de même pour le ramener, et à chaque fois qu'on le sortirait de l'écurie, même le sortir seul exprès, privé de sa mère ; arrivé à l'âge de six à huit mois, on obtiendrait ce qu'on voudrait de ce jeune animal. Les mots avance, recule, donne ton pied, fixe, lui seraient bientôt familiers, c'est-à-dire qu'il les retiendrait très-bien sans les comprendre ; mais un peu plus tard, quand son conducteur le tiendrait avec un bridon, si en se tenant sans bouger près de l'animal, il lui répète *bien des fois en le caressant fixe*, fixe, puis ensuite recule en reculant lui-même doucement avec l'animal en lui serrant un peu le bridon, qu'en arrêtant tout-à-coup et en le caressant toujours, il lui dirait fixe, puis ensuite avance, fixe, recule, toujours en faisant lui-même le mouvement retrograde ou en avant ; en continuant, pendant quinze jours au plus, ces petits exercices, pendant trois quarts d'heure le matin et autant le soir, l'animal comprendrait bientôt son affaire.

Plus tard enfin, on lui dit: avance au pas en le suivant et même le *nommant par son nom ;* puis, tout à coup s'arrêtant en disant de nouveau fixe. Moins de trois mois serait bien suffisant pour apprendre le reste, de manière qu'un cheval d'un an s'entendrait parfaitement aux commandements de : avance, recule, fixe, donne ton pied, avance au pas, au trot et enfin au galop. C'est ainsi que le font ces dresseurs de chevaux, qui sont vendus par paires, depuis cinq jusqu'à vingt et trente mille francs la paire ; et pourtant ces genslà ne les dressent que depuis troisans jusqu'à cinq, vu qu'il s'agit de les appareiller avant de les dresser.

Dressés tous jeunes, il faut trois fois moins qu'à l'âge

dont je viens de parler. Il ne faudrait donc d'abord qu'une ferme volonté, un peu d'intelligence et de patience, et pas de dangers à courir comme quand ils ont de trois à cinq ans.

Je ne parle ici que des bons chevaux, de bonne race, tels que sont ceux que nous primons dans nos comices, et ceux admis par les commissions hippiques pour la reproduction, et de ceux enfin capables d'être reçus pour l'armée.

Quel avantage pour l'armée, Monseigneur, si des chevaux ayant beaucoup de commandement et comprenant bien ces mots : au pas, au trot, au galop ; quand en présence de l'ennemi, chaque cavalier crierait à force à son cheval : au galop, au galop, ces animaux deviendraient furieux contre l'ennemi, et seraient beaucoup plus puissants qu'ils le sont maintenant.

Et, en outre enfin, pour toutes les personnes de la bonne société qui en ont besoin, ne serait-ce pas un grand avantage sous bien des rapports ; on n'entendrait plus à l'avenir, parler de tant de malheurs, ni on n'en serait plus témoins !

Moyen bien simple pour arriver à cette fin, cela sans frais pour personne, ni mesure coërcitive.

Une circulaire émanée de votre Excellence Monseigneur, adressée à MM. les Préfets des départements avec recommandation à ces Magistrats de prévenir chacun dans son ressort, tous les comices agricoles, commissions hippiques etc., qu'à partir de telle époque après l'avertissement donné, il ne pourrait être accordé aucune prime au propriétaire d'un cheval quelconque si ce cheval ou jument n'était dressé et habitué à tel et tel commandement. J'ai la pleine conviction, Monseigneur, qu'il en surviendrait de bons résultats ; et chacun à l'instar de l'autre, s'efforcerait dans un double but, de les dresser, c'est-à-dire non seulement pour obtenir des primes, mais encore dans l'idée vraie de les mieux vendre et un plus grand prix.

D'un autre côté les poulains naissent depuis avril jusqu'à la mi-juillet de chaque année, ce serait donc tout le long de l'hiver qu'ils seraient bons à être dressés, et pendant cette saison d'hiver, tous les fermiers en auraient parfaitement le temps.

. Du reste, comme toujours ce sont les riches propriétaires et fermiers qui nourrissent et élèvent les bons et meilleurs chevaux et qu'ainsi ils auraient le moyen de les faire dresser par qui en serait capable, il en surviendrait que beaucoup de garçons de bonnes maisons de ville, connaissant bien l'équitation feraient leur seul métier de dresser les chevaux à domicile *(per domos)* ce serait encore une honorable profession qui n'existait pas et qui par chaque canton, soit dix communes, occuperait et ferait vivre largement deux ou trois hommes et leurs femmes venus des villes à la campagne, et la femme pendant l'été aiderait ainsi que son mari aux travaux des récoltes qui trop souvent souffrent faute de bras.

Article 9.

Cours publics d'agriculture, faits gratuitement tous les quinze ou vingt jours, dans tous les chefs-lieux de cantons ruraux au moins et au besoin dans certaines communes, dans tout l'Empire.

Monseigneur, j'ai, à ce sujet, l'honneur d'observer à votre Excellence que j'ai la plus profonde conviction, qu'un bien extrême en faveur de la prospérité croissante de l'agriculture serait la conséquence toute naturelle des cours publics dont je viens de parler, surtout , si *pendant l'été* on les faisait le dimanche, et tout autre jour que celui du marché du canton sur la semaine, pendant l'hiver.

Dans nos départements surtout, je crois que l'affluence serait considérable, dès qu'on saurait que sans bourse délier on pourrait y assister.

Pour que ces cours profitassent beaucoup aux auditeurs, il serait bon à ceux qui en seraient chargés, tant doctes qu'il pourraient être, d'éviter les expressions purement scientifiques et termes techniques, *autant que possible,* en se servant d'un langage et d'un style à la portée des plus simples paysans, car ceux-ci composeraient , je pense , presque tout l'auditoire.

En le faisant , on gagnerait bien davantage leur confiance , et il s'ensuiverait qu'ils y prêteraient toute leur attention ; enfin un très-grand bien en découlerait nécessairement.

En ne répétant ces cours que tous les quinze ou vingt jours, mais un peu longuement à chaque fois, n'y traiter qu'un seul sujet, en commençant par les plus intéressants, mais le leur expliquer bien des fois, le leur faire bien saisir et comprendre sans qu'il puisse leur rester le moindre doute. Enfin ne rien négliger pour les persuader et convaincre, en leur citant des exemples palpables ; en un mot, faire pour eux tout ce qu'un bon et zélé instituteur doit faire pour ses élèves. Bref enfin, les engager à faire des questions auxquelles on s'empresserait de répondre. ; par là ils seraient pénétrés et verraient clairement, sachant que le cours serait gratuit, qu'on envisage comme une charité réelle à leur égard, de leur apprendre, pour *leurs propres intérêts personnels*, une foule de choses *précieuses pour eux*, qu'ils ne connaissaient pas auparavant.

En effet, Monseigneur, s'il s'agissait de faire moi-même un semblable cours, cela gratuitement, je l'accepterais pour mon canton si on m'en jugeait capable, mais dans une très-vive croyance que ce serait, aux yeux de Dieu lui-même, une très-grande charité envers mes semblables. Et d'un autre côté, pour populariser mes faibles lumières en agriculture, et en conséquence, seconder, avec le plus grand dévouement possible, les vues si larges, touchant sa progression, de notre si auguste et bien aimé Souverain et de votre si haute et très-illustre Excellence, Monseigneur.

Mais pour trouver des hommes pourtant capables et assez généreux pour consentir à entreprendre gratuitement une pareille tâche, tâche noble par elle-même, car si elle était bien conduite, elle serait tellement grandiose aux yeux de tout homme bien né et clairvoyant, qu'il ne s'agirait rien moins que d'éclairer cette partie aussi nombreuse qu'ignorante de la classe des laboureurs, partie qui exploite tant de milliers d'hectares de terre qui, s'ils étaient mieux cultivés partout ou besoin est, produiraient du grain en telle abondance qu'au lieu d'en jamais faire venir de l'étranger, nous en aurions sans cesse à sa disposition.

Il ne s'agit donc rien moins, Monseigneur, en instruisant la classe pauvre et ignorante, mais laborieuse, des laboureurs dont j'ai l'honneur d'entretenir votre Excellence, que de la véritable richesse publique de tout l'Empire, car il est de notoriété publique que tant qu'en France il n'y aura pas très-grande, extrême abondance de grain, il n'y aura pas véritable richesse publique ; et tout ce qui ne tend pas directement, en fait de progrès agricole, à la véritablement grande abondance de grain, n'est assurément que secondaire et tertiaire en fait de progrès.

Dans le chapitre qui va suivre celui-ci, Monseigneur, j'aurai l'honneur d'exposer à l'appréciation de votre Excellence toute ma pensée, touchant ce qui pourrait faire trouver des hommes capables, voulant bien se charger de faire dans leurs cantons, cela à titre honorifique gratuit, les cours publics d'agriculture dont je viens de parler. Quelques personnes pourraient dire : mais les comices agricoles, les chambres consultatives sont des pouvoirs, et pouvoir oblige, pouvoir ne va pas, ne peut être sans responsabilité, mais on doit reconnaître ici que ni les comices ni les chambres ne voient les nombreux laboureurs qui ont si grand besoin d'instruction, que d'un autre côté, ils ne pourraient pas leur faire un cours d'agriculture, ils font tout ce qu'ils peuvent par tous les moyens possibles, mais savent et conviennent eux-mêmes qu'ils sont impuissants à faire tout le bien désirable, si pressant et important qu'il soit.

Non seulement ce qui presse beaucoup, ce qui est trés-urgent, et qui plus est, ce qui tarde d'un quart de siècle au moins d'être fait, ce serait de rechercher partout dans nos champs comme dans nos habitations, dans les villes comme dans les bourgs et villages, tout ce qui est engrais, amendement, tout ce qui est susceptible d'en faire, d'en composer, sans rien négliger ou perdre absolument rien, jusqu'à des millions de voitures de bons gazons qu'on trouve partout çà et là dans les champs et dans tout l'Empire, gazons, dis-je en tout temps si précieux et si faciles à utiliser en composts avec des végétaux, en litière surtout avant toute autre litière, dans le fond des écuries, étables, toits à porcs et moutonneries et de tous nos animaux domestiques dont une très-grande partie des urines se trouve perdue en s'infiltrant dans le sol faute d'y utiliser ces précieux gazons. Si encore toutes les urines des humains, perdues si mal à propos dans les fermes, étaient employées en arrosant avec icelles des tas de ces gazons qui, ainsi imprégnés et cassés ensuite, seraient si fertilisants.

Du reste, il est constant, il est hors de doute, pour toute personne apte à en juger, c'est dit et redit bien haut, que jusqu'à ce que nous ayons converti en engrais, amendement, etc., tout ce qui est de nature à en composer, tout ce que la divine Providence a daigné mettre sur cette terre à la disposition de l'homme, cela sans doute pour en tirer ainsi parti ; jusqu'à ce qu'encore, nous ayons recueillis tous les engrais et urines des humains ; jusqu'à même aviser au moyen que des fosses d'aisances qui conduisent quantité de ces engrais dans des ruisseaux ou dans des rivières, qu'il n'en soit plus ainsi, qu'en outre, et comme cela est encore trop commun à Paris même, Monseigneur, et dans d'autres très-grandes villes, on cesse de jeter dans la Seine et dans des fosses qui y conduisent, la suie produite par suite du ramonnage des cheminées ; plusieurs ramonneurs que j'ai questionné sur la cause de cet abus, m'ont dit que la seule difficulté consistait dans le transport trop long et trop pénible ça et là par les rues de Paris et autres grandes villes; il me semble qu'il serait facile de trouver moyen d'y remédier, car il y a perte majeure pour l'agriculture.

Je répete tout en ayant l'honneur de supplier ici humblement et de toutes mes forces votre Excellence, Monseigneur, de croire très-fermement que si bien qu'on fasse, qu'on laboure jour et nuit si l'on veut toutes les terres dont j'ai parlé ci-dessus, si tout ce qui est ou peut faire des engrais ou amendements, ainsi que ceux dont j'ai aussi parlé dans d'autres articles, guanos, etc., n'est utilisé pour les enrichir, pour les féconder ces terres, la France, bien que sa superficie territoriale le permettrait grandement, ne pourra jamais atteindre cette sublimité de grandeur, de puissance, de richesse et de bien-être général qu'elle est en droit d'attendre ; si elle possédait dans son sein tous les engrais dont il est ici question, sagement répartis où plus grand besoin le commanderait, alors elle serait immensément et véritablement riche et forte, se suffisant seule à elle-même; son bonheur, sans égal, serait envié, jalousé par toutes les autres nations ; mais il est bien connu, Monseigneur, qu'il n'en peut être réellement ainsi, que par l'entremise, la participation de votre vénérable Excellence, si éclairée, si dévouée et qui a sans cesse donné à la France entière les plus éclatantes preuves des immenses bienfaits qu'elle a daigné lui prodiguer tel qu'elle le fait encore. Oh ! qu'elles seraient belles ces années, ce temps à venir si désiré par tant de malheureux nos semblables, où tout ce qui est alimentaire, serait par son prix, *très-modique* à la portée des plus petites bourses. Elle serait aussi méritoire qu'immense aux yeux de Dieu lui-même, cette bonne, cette grande œuvre très-réalisable, par suite de laquelle tant de misères seraient plus que soulagées, anéanties, et par là même cette charge onéreuse pour la société serait infiniment plus supportable, si elle ne disparaissait entièrement.

A notre bien aimé Souverain Napoléon III, à votre très-illustre Excellence, Monseigneur, reviendrait le mérite sans égal d'un si immense bienfait, d'un si grand acte, car il ne pourra jamais s'accomplir qu'au moyen des rènes que tient toujours entre ses mains le très-grand et très-digne monarque qui nous gouverne.

Je ne saurais terminer cet article d'un si haut intérêt, Monseigneur, sans avoir l'honneur d'en signaler la haute portée à votre Excellence, car il a uniquement pour but, par suite des cours publics et gratuits dont j'ai parlé en le commençant, de bien éclairer ou mieux instruire la masse des paysans ignorants de ce qui serait de leurs plus chers intérêts, masse, dis-je, composée peut-être de plusieurs millions de laboureurs dans tout l'empire, masse, encore une fois, de gens entièrement illétrés, ne pouvant par là même rien puiser dans les journaux, non plus que dans aucun ouvrage scientifique de ce genre. Elle n'a donc pour elle, cette masse, que ses oreilles pour entendre et son intelligence pour comprendre ce qui lui serait clairement démontré par les cours publics d'agriculture dont je parle, seul moyen, je crois, de vulgariser et populariser parmi elle les lumières, en un mot, tous les meilleurs enseignements, réellement indispensables à la grande prospérité agricole; moyen, j'en ai la plus profonde conviction, Monseigneur, infaillible et le plus puissant levier dont on puisse faire usage en pareille occurrence, pour atteindre le but désiré.

A ce sujet, j'aurai l'honneur d'exposer ici à votre Excellence, Monseigneur, qu'en 1848, le conseil général de la Seine-Inférieure, en 1851, celui du Calvados instituèrent des conférences nomades sur les fumiers et autres engrais. MM. J. Girardin, de Rouen, et J. Molière, de Caen, par suite publièrent un résumé de ces conférences agricoles, dans lequel résumé, que j'ai sous les yeux, ces messieurs commencent par dire que les engrais sont la base de l'agriculture. Ils y démontrent clairement les fautes commises dans les fermes à propos des fumiers, bref ils ne s'y occupent que de ce qui a trait aux fumiers et composts ainsi que de tout ce qui peut en faire, et également des moyens à employer pour en obtenir une très-grande quantité.

Bref, ces Messieurs affirment que dès ce temps, 1852, de très-grands résultats et succès avaient été obtenus comme conséquence de ces conférences nomades.

Il est donc palpable et hors de doute, Monseigneur, qu'on en peut induire que l'institution de cours publics gratuitement faits dans tout l'empire produirait un *progrès incessant et assuré* en faveur de toute la société ; et il est facile, très-facile de comprendre qu'à défaut du grand progrès agricole qu'on pourrait aisément attendre de la classe multinombreuse des laboureurs dont je parle ici, la France ne sera et ne pourra jamais être ce qu'elle est en droit d'attendre et même d'exiger.

En terminant cet article je dirai que si dans les cours publics, on faisait remarquer aux auditeurs que les excréments liquides et solides d'une seule personne s'élèvent, par jour, à plus de 1000 à 1200 grammes et terme moyen soit plus d'un kilogramme, et qu'au bout de l'année on aurait par personne obtenu plus de 365 kilogrammes d'un engrais excessivement riche et fertilisant que chacun produit sur sa ferme, et qu'au moyen de cette quantité on obtiendrait environ six cents kilogrammes de bon blé par personne.

Si en outre, on leur affirmait qu'en Chine, en Toscane, en Hollande, à Nice, en Belgique, dans le nord de la France, en Alsace, c'est avec cet engrais connu sous le nom de gadoue qu'on obtient, dans ces divers pays, les plus magnifiques récoltes, qui ne le croirait pas.

Depuis de longues, très-longues années, nous crions misère d'engrais, nous allons en chercher fort loin à grands frais et prix, pendant qu'on ne saurait nier que nous sommes à côté de trésors de fertilité que nous négligeons sans nous en douter ni nous en occuper.

Ce serait donc déja un grand progrès obtenu que la création de latrines dans toutes les fermes rurales. qui ne le ferait pas et ne le trouverait pas avantageux parmi cette classe de laboureurs, quand dans les cours publics d'agriculture il leur serait dit et répété : sans bon engrais pas d'agriculture, sans force bons engrais pas de riches moissons, le bon engrais c'est de l'argent monnayé, et le laboureur qui ne sait pas utiliser . et n'utilise pas les immenses ressources que partout la Providence nous a la ssées sous la main, dans toutes les positions, ressemble à un prodigue, à un hébêté qui passe à côté des pièces de cinq francs sans les ramasser ?

Il est de notériété publique, qu'en agriculture et presque partout, nous n'employons que moitié et souvent moins des engrais qu'il nous faudrait pour obtenir en général de riches moissons, quoique pourtant dans toutes les fermes, il serait aisé d'en faire davantage que nous n'en faisons et de meilleur.

Le moyen de ce faire, Monseigneur, serait généralement démontré dans les cours publics d'agriculture, dont je crois l'institution du plus haut intérêt.

Au reste, votre très Illustre Excellence, Monseigneur, si dévouée à seconder les vues sublimes de notre si généreux et si philantrope souverain en ce qui concerne la richesse publique, dont la base est par essence la bonne agriculture, daignera, je crois, mesurer et apprécier la haute portée de cette institution, dont la conséquence serait de port'r de profondes lumières parmi des laboureurs illétrés, ignorants qui à eux seuls occupent environ un tiers au moins, de toute la superficie territoriale de l'Empire Français.

Dans les cours publics, dont j'ai l'honneur d'entretenir ici votre Illustre Excellence, Monseigneur, chacun chargé de les faire, devrait s'efforcer de prouver aux assistants qu'il est de toute impossibilité qu'un laboureur soit sinon riche, du moins dans une large aisance, une belle position, bien logé, vêtu et nourri, s'il ne s'efforce chaque jour de créer des masses d'engrais, en suivant les avis et conseils par lui entendus dans les dits cours, auxquels les pères de familles devraient être fortement engagés de conduire leurs enfants.

Au résumé, votre sublime et admirable discours, Monseigneur, prononcé par votre Excellence, au brillant banquet de *Londres*, en présence de si hauts et si nombreux dignitaires, prouve plus que ne le saurait faire quiconque, soit verbalement ou par écrit, votre extrême capacité par essence, aussi, Monseigneur, en votre éminente qualité de Ministre de l'agriculture, votre Excellence possède, à juste titre, les clefs du trésor de la richesse publique de tout l'Empire, puisqu'il est vrai et bien connu, que cette richesse consiste dans l'agriculture, dont vous êtes par excellence, le digne chef, Monseigneur.

Après tout, qui est-ce qui pourrait nier que c'est dans le sein même de la terre, notre patrie, notre Empire, que gisent les véritables trésors matériels que l'on puisse se procurer ici bas, et qu'une bonne et riche agriculture, peut seule nous procurer ?

Ce qui est consolant pour ce faire, c'est que la divine providence, dans son extrême et inépuisable bonté, a daigné donner aux hommes toutes les connaissances suffisantes pour en tirer parti.

ARTICLE 10

Ne serait-il pas très avantageux en vue de la plus grande prospérité de l'agriculture, Monseigneur, qu'une légion de chevaliers et officiers agronomes ou en agronomie fut créée en France? Avantages présumés qui en seraient la conséquence toute naturelle.

A ce sujet, j'ai l'honneur d'exposer à votre Excellence, Monseigneur, que si une légion d'honneur, par suite de la nomination de chevaliers et officiers agronomes et d'agriculture était créée en France, et que tout individu qui en ferait partie fut décoré ; nul doute, Monseigneur, qu'à partir du jour où cette innovation serait connue, l'honneur insigne d'en faire partie exciterait, provoquerait généralement et *subito,* dans toutes les parties de la France, entre tous ceux qui s'occupent d'agriculture, une émulation, un zèle, une impulsion au plus haut dégré.

Ce serait plus que jamais, qu'à partir de ce

moment, Monseigneur, des hommes vraiment capables,
qui pourraient propager leurs lumières par mille
moyens en leur pouvoir, mais qui au contraire,
aujourd'hui, par suite d'une insouciance, d'une indifférence coupables chez eux, sont taciturnes, se cachent
en quelque sorte de leurs opérations agricoles, et enfin,
ne font pas même le plus petit article dans un journal,
pour être utile à leurs semblables, à la société, au sein
de laquelle ils ne vivent que pour eux-mêmes, ce qui
est plus que blâmable ; ce serait donc à partir de ce
moment, je le répète ici à votre Excellence, Monseigneur, qu'il n'en serait plus ainsi, si par suite de
la propagation. chacun, de ses propres lumières, sys-
tèmes nouveaux, inventions, perfectionnements,
idées, etc., le tout devant produire un résultat majeur
pour la société, ces mêmes hommes, jusqu'à ce jour
restés si neutres, y voyaient l'avantage ou mieux
l'*insigne honneur* de faire partie d'une légion recommandable, telle que serait celle des agronomes français.
Ils se débattraient sans cesse à l'instar les uns des
autres, afin d'obtenir s'ils le pouvaient, cet honneur
insigne par eux convoité. D'autres enfin, vraiment
philantropes, tous citoyens comprenant ce que le
riche doit au pauvre, le savant à l'ignorant, font, en
vue de cette charité si louable, tout ce qu'ils peuvent
dans les journaux, dans les sociétés et près de leurs
voisins, quelle qu'en soit la plus ou moins modeste
condition, pour propager leurs lumières, rendre des
services, etc.

Ce serait parmi ces derniers, dont le zèle, le
dévouement à toute épreuve est si bien marqué
d'avance, Monseigneur, qu'il se trouverait sans
doute des hommes capables, qui au premier appel fait
par votre illustre Excellence, ou de sa part, se présen-

teraient et se chargeraient volontiers je pense, de faire gratuitement les cours publics d'agriculture dont j'ai parlé dans le précédent article.

Dans le cas pourtant, où, je le suppose ici, la légion dont je parle serait créée, et que dans le nombre de ceux qui auraient l'honneur d'en faire partie, il ne se trouverait pas encore assez d'hommes dévoués, voulant bien faire gratuitement les cours en question, ne serait-il pas convenable, Monseigneur, qu'une somme de cinq à six cents francs, *une fois donnée par l'état*, en même temps que la décoration, fut pour ceux qu'il conviendrait à votre Excellence de nommer ad hoc, une condition *sinè quà non d'acceptation*, de faire pendant tel nombre d'années, gratuitement, dans leurs cantons ou autres plus rapprochés de leur domicile, les cours publics dont j'ai l'honneur d'entretenir ici votre Excellence, Monseigneur.

De tout ce que dessus, il arriverait infailliblement, qu'un nombre infini de jeunes gens, de toutes les parties de notre belle France, jeunes gens riches, bien nés, de bonnes familles, jeunes gens encore une fois qui, par leur position sociale, leur instruction, leur intelligence et leur fortune seraient à portée de faire des sacrifices pour la grande amélioration, la bonne culture de leurs mauvaises terres, d'aider puissamment et rendre de grands services à des laboureurs pauvres, mais probes, zélés et travailleurs, qu'ils pourraient très-fréquemment prendre dans leurs fermes en qualité de colons partiaires, comme c'est l'usage dans la Mayenne, mon pays originaire, département où, on peut le dire hautement, l'agriculture qui y est faite et presque dans la généralité des fermes, à colonie partiaire, est bien supérieure, sous tous les rapports, à celle de la

.majeure partie des autres départements de la France ;
et néanmoins ce n'est pas la Mayenne, tant s'en faut,
qui possède le meilleur sol.

La colonie partiaire, Monseigneur, est, par sa nature, je veux dire par les conditions qui la régissent,
qui en sont la base, un progrès en quelque sorte
accompli à l'avance ; le maître de la ou des fermes
se réserve, comme de droit et toujours, la su-
périorité du commandement dans la direction de tout
ce qui se doit faire, et s'il ne croit pas ses colons à
la hauteur de bien diriger, que lui-même ne se croit
pas suffisamment capable, il arrive presque toujours
qu'il s'entend avec un régisseur de biens ruraux, ils
ne sont pas rares dans la Mayenne, auquel il donne
tant par an ou du cent de revenu, suivant les circonstances, etc.; ils y gagnent encore beaucoup, les
propriétaires, sous tous les rapports, d'où il s'ensuit
qu'il est fait une bonne et riche agriculture.

Enfin, Monseigneur, la colonie partiaire, on ne
saurait trop le répéter et l'affirmer, est excessivement
avantageuse tant aux propriétaires qu'à leurs colons
partiaires. Aussi s'étend-elle de jour en jour dans les
départements de la Sarthe, de Maine-et-Loire, d'Ille-
et-Vilaine, etc. qui sont limitrophes de celui de la
Mayenne.

Avantages présumés qui en seraient infailliblement
la conséquence.

Je dois revenir à mon sujet touchant les jeunes
gens dont j'ai parlé plus haut. Peut-on douter,
Monseigneur, que dans le but ou tout au moins la
chance de devenir eux-mêmes légionnaires, tout en
améliorant et tirant un plus large parti de leurs pro-

priétés, ces jeunes gens embrasseraient ardemment la carrière agricole, ils y seraient même vivement engagés par leurs parents, qui trop souvent ont la douleur de les voir se perdre par suite des faux et séduisants plaisirs qu'on rencontre à chaque pas dans toutes les villes.

Ils leur diraient enfin, avec raison et pour les y engager davantage, que cette carrière agricole qui est celle d'entre toutes les autres qui nécessitent la force du bras de l'homme *la plus honorable*, puisqu'elle est, par sa nature et par essence même, la seule et inépuisable source de toutes les autres dont je viens de parler.

En effet, Monseigneur, votre Excellence le sait mieux que moi, quel est le demi-savant ou érudit, même un simple observateur, qui pourrait nier un seul instant que tout ce que nous possédons en général, tout ce qui sert à notre alimentation, sort du sein de la terre, puisqu'elle possède ou a possédé tous les trésors d'ici-bas; elle possède même nos animaux placés sur l'immensité de sa surface et qui n'y vivent, tout en faisant nos délices, que de la seule nourriture qui sort de son sein! oh qu'elle est belle cettte brillante carrière! combien est honorable quiconque la parcourt; car c'est, après tout autre avantage, contribuer, pour une part, à la plus grande fortune publique, à la force, à la gloire et à la puissance de sa patrie.

Avant de terminer cet important article que je crois être d'une très-haute portée, qu'il me soit permis ici, Monseigneur, d'avoir l'honneur d'observer à votre Excellence, qu'en ce qui concerne les cours publics d'agriculture à faire gratuitement dans chaque canton de l'Empire tout au moins; si cela se devait faire toutefois, il y a beaucoup d'agronomes dans la société qui, réellement savants, possèdent à un très-haut degré la science agronomique, qui connaissent enfin, scientifiquement encore, la chimie, la botanique; ces agronomes, très-savants, on ne peut le nier, ne seraient pas, je pense, nonobstant leurs profondes connaissances théoriques, soit même pratiques en fait de chimie et botanique, convenablement choisis pour faire fructueusement les cours publics dont il est question, cela faute d'une très-longue pratique et aussi d'une très-longue expérience agricole, faites sur les lieux mêmes, dans les champs.

Il est bien connu, à ce sujet, Monseigneur, que quiconque, tant savant ou théoricien qu'il put être, avant de se livrer à la pratique de tout ce qui se fait et se doit bien faire, sur les lieux mêmes, avec tout le talent indispensable pour la réussite, n'a que dix à douze ans de pratique et d'expérience faites sur les lieux mêmes, *n'en a encore que peu*, car s'il est vrai que l'agriculture soit la plus brillante carrière, dans le sens que j'ai émis ci-dessus, il n'est pas moins vrai qu'elle est la plus abstraite, et peut-être la moins profondément connue d'entre toutes.

Enfin, Monseigneur, je suis agé de soixante-cinq ans révolus, et depuis mes études terminées, toute ma vie pour ainsi dire, mes soins les plus minutieux, ont été consacrés sans interruption théorique et pratique en même temps et en pleine campagne, à l'agriculture, J'ai fait, fait faire, vu, lu pour m'instruire, et grâce à Dieu seul, fort et vigoureux que je suis encore pour mon âge, je continue et désire continuer tant que mes forces me le permettront; et bien qu'il en soit de ma longue expérience, je puis affirmer ici en honneur et conscience, Monseigneur, que souvent encore, j'apprends des choses très importantes à savoir, et que j'ignorais précédemment, telle est la vérité.

Je résume mes dires ci-dessus, tout en ayant l'honneur d'observer à votre Excellence, Monseigneur, que de bons agriculteurs, autant et plus praticiens que théoriciens, mais néanmoins possédant ces deux qualités qui, il est vrai, s'enchaînent mutuellement : seraient, selon moi, beaucoup plus aptes à faire les cours publics dont j'ai l'honneur d'entretenir ici votre Excellence, Monseigneur, que les agronomes dont j'ai parlé en premier lieu, lesquels se servant toujours d'expressions purement scientifiques, ne seraient pas compris de presque tous leurs auditeurs. Je me trouve heureux de pouvoir soumettre à la si haute appréciation de votre Excellence, Monseigneur, ce qu'après tout, je n'aurais jamais osé faire, sans l'encouragement réitéré de personnes aussi honorables que distinguées et entr'autres, vu ce qu'a répété bien des fois et si fermement, dans ses admirables discours, le premier et si digne magistrat de notre département d'Ille-et-Vilaine, Monsieur le Préfet Féart.

Ce sera toujours dans sa profonde sagesse, Monseigneur, que votre Excellence, si elle daigne le faire tel que j'ai de rechef, l'honneur de l'en supplier très humblement ici, jugera de la valeur et de la portée de mes vues et idées ; mais, quelque chose qui arrive, mon but est d'être utile à mes semblables et à ma patrie.

Je sais bien, Monseigneur, qu'en France il est fait beaucoup d'articles agriculture dans les journaux, j'y en fais insérer moi même, et tout cela n'est comparativement à ce qui serait nécessaire, qu'un simple iota ; et précisément, la classe des laboureurs, qui a un besoin plus que pressant d'être éclairée, ne voit jamais les journaux, dont tout le contenu serait de l'hébreux.

Ce n'a donc été qu'après de longues et mûres réflexions, Monseigneur, qu'il m'a paru d'un incalculable intérêt pour la société toute entière d'adresser ce travail, tout simple qu'il soit, directement à votre Excellence, seule source d'où peut jaillir *sur toute notre belle France à la fois,* une lumière éclatante, et aussi vive que pénétrante, qui ferait le bonheur de tous, et sa plus grande gloire.

ARTICLE 11.

Parler aux instituteurs ruraux, c'est, par leur entremise, s'ils veulent s'y prêter, parler à la presque généralité des cultivateurs dans tout l'Empire. — Moyen bien simple d'en tirer un large parti, dans un haut intérêt pour l'Agriculture.

Cet article, Monseigneur, excitera, je crois, en raison de sa grande importance majeure, votre attention.

Je viens de dire que parler aux instituteurs en général, c'est parler à la presque généralité des cultivateurs, dans tout l'Empire. En effet, dans toutes les écoles élémentaires, tout ce que dit le maître touchant la profession des parents de ses élèves, est par ceux-ci rapporté à la maison paternelle dès le jour, cela avec plaisir, bonheur, emphase même ; heureux qu'ils sont de croire instruire à un si haut degré, leurs parents. Tel doit être en effet, Monseigneur, leur pensée, par le motif bien simple qu'ils sont persuadés que leur maître d'école est beaucoup plus savant que leurs parents, dès qu'il leur parle de leurs professions, et cela arrive assez souvent.

Puisque donc il en est ainsi, Monseigneur, ne semblerait-il pas bon à votre Excellence, de mettre entre les mains de tous les instituteurs ruraux surtout, et de chacun des élèves des deux sexes, même aussi dans toutes les écoles normales, un tout petit opuscule : dans ce cas, il serait très facile à tous de se pénétrer bien profondément de son contenu.

Ce petit opuscule, touchant les progrès les plus pressants et importants à obtenir en agriculture, fait par un homme bien capable que daignerait choisir et désigner votre Excellence, Monseigneur, avec recommandation par elle même, tout en le soumettant à votre haute appréciation, de ne pas se servir d'expressions trop scientifiques qui ne seraient pas comprises du tout par les enfants, et très peu de la majeure partie des maîtres eux-mêmes.

Ce petit opuscule, encore une fois, intitulé comme on voudrait ; mais selon moi, trésor en agriculture, conseils à tous les laboureurs de l'Empire français par son Excellence, Monseigneur le ministre de l'agriculture. Heureux ceux des cultivateurs qui suivront ces conseils et les mettront en pratique.

Ainsi présenté aux parents et à leurs enfants, son mérite en serait rehaussé au suprême degré, les connaissances agricoles qui en seraient la base, connaissances précieuses, inappréciables quoique concises, seraient journellement vulgarisées d'une manière convenable, économique et on ne peut plus progressive. Enfin, Monseigneur, je crois que le moyen de publicité dans les journaux, ne serait qu'une minimité comparativement à celui-ci. Les instituteurs eux mêmes profiteraient des connaissances y contenues ; les élèves se feraient une fête de le lire à leurs parents, et ceux de ces derniers qui sauraient lire, y puiseraient avec avidité des connaissances précieuses pour eux ; j'ai dit avec avidité, parce que ceux-ci seraient aussi curieux qu'avides de savoir et connaître dans leurs grands intérêts, tout ce qu'aurait eu l'extrême bonté pour eux d'y dire ou faire dire votre très illustre Excellence, Monseigneur, touchant ce qu'il faut pratiquer surtout, en agriculture, *pour être récompensé, devenir riche cultivateur, bien nourri et très bien habillé, etc.*

Selon moi, il pourrait être composé de quinze à vingt leçons, et il serait à désirer qu'il y eût obligation pour tous les instituteurs et institutrices de consacrer au moins vingt minutes à chaque classe, matin et soir, à sa lecture ; il serait même d'une importance majeure que cet opuscule fut appris et répété de mémoire par les élèves, et que celui d'entr'eux tous, dans chaque école, qui, interrogé en fin d'année dans le temps des compositions pour obtenir des prix, le comprendrait et l'expliquerait le mieux, le prix d'honneur lui serait réservé, et prendrait, en outre, gratuitement part au banquet de la fête agricole du comice cantonnal. Ce prix d'honneur ne pourrait-il pas être une petite medaille d'argent ?

Enfin, Monseigneur, j'aurai l'honneur d'exposer à votre Excellence, que dans le cas où elle daignerait juger mon idée, mes vues, cette institution à ce sujet, très bonnes, et sauf à elle à choisir pour la rédaction un homme plus capable plus érudit que moi dans la science ; mon avis personnel serait de diviser et composer les leçons de ce petit livre comme suit.

PREMIÈRE LEÇON.

Dieu seul, dont la puissance est infinie, sans
bornes, créa le ciel et la terre, le soleil, la lune.
les étoiles. les plantes, tous les animaux et végétaux,
les mers, les rivières et tous les poissons qui y vivent,
tout ce que nous pouvons voir ici-bas : puis enfin,
il créa l'homme et la femme à sa ressemblance etc.
Dire le pourquoi en emplifiant, pour en faire une
première leçon.

DEUXIÈME LEÇON.

Dieu, dans son infinie bonté, mit dans la terre
tous les trésors que nous possédons, l'or, l'argent, etc.
etc., et lui donna en outre la puissance nécessaire pour
y faire croître tous les grains, les bois et herbes si
utiles, et même indispensables à la nourriture des
hommes, ou en un mot de tout son peuple, et aussi
de tous les animaux sans la grande partie desquels
nous ne serions pas heureux sur cette terre, nous en
mangeons la chair, ils nous fournissent nos vêtements,
nos chaussures ; ils nous sont soumis et nous aident à
labourer la terre etc. Amplifier pour en faire la seconde
leçon.

TROISIÈME LEÇON.

Dieu créa l'homme pour travailler, comme l'oiseau
pour voler, et il donne à l'homme toute l'intelligence
nécessaire pour tirer un très grand parti de la puissance
de la terre et de tout ce qu'elle renferme dans son sein;
mais cela en la labourant à la sueur de son front, etc.
finir à ce sujet la troisième leçon,

QUATRIÈME LEÇON.

Dieu, qui a donné à l'homme de l'intelligence et de la force, et qui a mis sur la terre et dans son sein, tout ce qu'il lui faut pour par son travail et ses soins assidus être très heureux, ne permettra jamais que le laboureur qui en suivant et observant sa loi et celle du très puissant souverain d'ici bas, c'est-à-dire du bien aimé Napoléon III, notre si digne Empereur, tout dévoué à notre bien-être, soit jamais malheureux, s'il s'occupe activement et sans relâche de faire une bonne et riche agriculture en progressant sans cesse, en usant de tout son esprit et de tous ses moyens pour mettre à profit tout ce qu'il pourra trouver sur sa ferme, bon et convenable à faire des masses d'engrais, pour aussi chercher par tous les moyens possibles, à s'instruire en agriculture près de ceux plus savants que lui dans cette honorable carrière. Ce laboureur assurément sera heureux, honoré, bien vu même des grands personnages ; il est certain qu'il sera, ainsi que sa famille, bien vêtu, bien nourri, et qui plus est, aura grandement le moyen de payer à l'armée des remplaçants pour ses fils, et en outre encore de soulager les pauvres. Il resterait à terminer le sujet de cette quatrième leçon.

CINQUIÈME LEÇON.

Dieu, pour nous convaincre clairement de son infinie puissance, de son extrême bonté à notre égard nous donne en saisons et temps utiles, pour faire fructifier tous nos travaux, le beau temps et la pluie, la chaleur et le froid ; seul il conserve toutes nos moissons, nos animaux etc. L'agriculteur surtout, par sa position, est à portée d'apprécier particulièrement un si immense bienfait dont il jouit le premier lui-même avant tout autre, il doit donc comprendre que s'il ne se livre pas tout entier par suite d'un travail *persistant, opiniâtre*, à faire, tant dans ses propres intérêts qu'en ceux de sa famille et de ses semblables, produire à la terre qui lui offre et fournit tout, à la seule condition d'un travail bien compris; de plus en plus riches moissons, qui assurément font sa richesse et son bien être; cet agriculteur, s'il n'agit pas ainsi, est aveugle, compromet au plus haut degré ses intérêts devient pauvre par sa propre faute, et se rend très coupable aux yeux de Dieu lui-même et de ses semblables, en ne tirant pas parti du sol qu'il est à même de bien cultiver. Resterait encore à finir cette cinquième leçon.

SIXIÈME LEÇON.

Dieu, dans sa sagesse, a voulu, en créant tous les animaux qui vivent sur la terre, que dans le nombre il y en eut de très nuisibles, tels que le loup, le renard, le sanglier, le putois, la belette, la buse, le tiercelet et beaucoup d'autres, *tous carnivores*, qui trop souvent attaquent et détruisent nos chevaux, nos moutons, nos volailles, etc. Le cultivateur soigneux doit s'en garder continuellement sans quoi ses intérêts sont trop souvent et gravement compromis. Dieu aussi, en créant toutes les plantes, les insectes, a permis encore qu'il y en eut un grand nombre de plantes très nuisibles, lesquelles, si tout agriculteur qui veut avoir de riches moissons, ne détruit pas ces plantes, elles finissent par envahir le sol, l'appauvrissent étonnamment en lui enlevant presque tous ses principes fertilisants, et enfin, étouffent en partie majeure les récoltes, etc. Cette sixième leçon serait à finir dans le même sens.

Septième leçon.

Dieu qui défend de calomnier son prochain, c'est-à-dire ses semblables, défend aussi de s'emparer de son bien, de le frapper, de lui nuire enfin : défend encore l'oisiveté, la paresse qu'il a signalé comme une faute très grave, même capitale, d'où il ressort de même qu'on a dû le remarquer dans les précédentes leçons, que pour obéir à la suprême volonté de Dieu, nous devons travailler avec courage et résignation, puisqu'il est vrai, très vrai que la paresse est la mère de tous les vices, qu'elle engendre les voleurs, les rapineurs, la pauvreté et les calomniateurs : aussi nos lois civiles sont-elles appliquées par les magistrats juges, pour punir tous ces coupables, et les punir très sévèrement.

Il est donc de la plus palpable évidence, et nous devons tous le remarquer, que chacun dans sa condition, dans sa profession doit travailler s'il veut être heureux, honoré des gens de bien.

Nous venons de dire chacun dans sa profession, et bien, à ce sujet je puis dire et affirmer hautement ici, et je le dirais volontiers à la face de tout le monde, que de toutes les professions qui nécessitent toute la vigueur, toute la force des bras de l'homme, la plus honorable, la plus noble, et la plus recommandable d'entre toutes, c'est la carrière agricole, l'agriculture, car qui pourrait le nier ? c'est l'agriculture qui nous fournit, qui nous procure, qui nous donne à tous, le pain, le vin, la viande, le cidre, les fruits de toutes sortes, le bois, les huiles à manger et combustibles, le miel, la cire, les légumes et autres comestibles. Enfin la laine pour fabriquer nos vêtements et le cuir pour nos chaussures et une infinité d'autres produits qui nous sont si nécesaires quand on en sait faire un bon usage. le sucre, les eaux-de-vie etc etc.

Enfin, la nicotiane ou tabac, de la famille des solanées, il fut jadis envoyé en France par Nicot, ambassadeur en Portugal : c'est une plante narcotique , vénéneuse ou vireuse disent les chimistes : aussi c'est dans les feuilles et racines du tabac qu'à été trouvé la nicotine qui est une base alcaline puissante, et un poison des plus violents, a dit Soubeiran. indépendamment de ce qu'en le fumant il gâte la bouche et les dents , son usage *fréquent* est sous tous les rapports très nuisible à la santé de l'homme : d'un autre côté quelles pertes énormes par suite d'incendies près et loin partout, occasionnées dans les fermes en fumant du tabac, ne sont pas fréquemment constatées par les journalistes : les jeunes gens surtout feraient donc un acte de prudence louable, et aussi d'économie, de n'en jamais faire usage.
Cette septième leçon resterait encore à finir.

Huitième leçon.

Éléments d'agriculture à suivre pour récolter beaucoup de grains et beaucoup d'autres produits divers dans les fermes,

Tout agriculteur ou laboureur qui les mettra bien en pratique sans en départir, peut croire fermement qu'il ne pourra manquer de voir presque toutes ses récoltes de froment se doubler, il aura aussi beaucoup plus de menus grains, davantage de lait et beurre et de bien meilleurs animaux. Ces éléments indiqués trop brièvement il est vrai, feront le sujet des leçons qui vont suivre.

Observation importante.

Les plus savants agronomes, les plus savants agriculteurs qui ont voyagé çà et là et qui ont vu et apprécié en France comment dans beaucoup de départements on y fait l'agriculture, quels sont les produits en général qu'on obtient en grains de toute nature, et qui sont si minimes, ne peuvent s'empêcher d'en signaler les causes à la généralité des laboureurs que cela intéresse : une grande partie de ces savants agronomes et agriculteurs, sont d'autant plus capables de les connaitre ces causes, et par la même de les signaler au public, au gouvernement même que cela intéresse à un si haut degré, qu'eux même se sont occupés de très longues années et s'occupent encore dans divers pays de la France d'agriculture pratique, et cela sur des terrains de première, deuxième, troisième et quatrième classe. Les riches moissons par eux obtenues, sur les terres de chacune des ses diverses classes, et dans divers départements, car y a de bonnes, de moyennes et de mauvaises terres partout ; les mettent donc à portée de bien éclairer par suite de leurs lumières et expériences dans cette si honorable carrière de l'agriculture, tous les agriculteurs et laboureurs qui faute de savoir, ne tirent de leur terres que des minimités en fait de produits.

Dans cette huitième leçon, je commencerai donc par dire comme ces savants et recommandables agronomes et agriculteurs praticiens qui le proclament et l'affirment bien haut ; que le plus puissant de tous les leviers, de tous les instruments qu'on puisse se procurer en agriculture, c'est *l'engrais, le fumier, les composts et amendements* employés en plus ou moins grande quantité suivant la qualité des terres : mais

il faut bien le remarquer et s'en pénétrer profondément, ces fumiers, engrais, composts doivent être
faits avec le plus grand soin possible, le cultivateur
doit y mettre toute son attention et son intelligence,
puisque non seulement de la quantité, mais surtout
de sa bonne qualité, dépend presque uniquement et
cela chaque année, sa fortune, c'est-à-dire les riches
moissons qu'il obtiendra assurément s'il sait les faire
dans les conditions voulues et les employer à doses
convenables.

Il est donc hors de doute que tout cultivateur qui
veut devenir riche, heureux, passer pour savant en
agriculture et obtenir aisément des primes, médailles
d'argent au concours agricole annuel de son canton,
aura toujours pour but chaque jour de sa vie, de
faire des masses d'engrais composts etc., de les
bien faire, se sera sa fortune; dans le cas contraire,
la misère, la pauvreté le suivront partout.

Cette huitième leçon resterait à terminer en expliquant comment faire les bons fumiers, composts et en
grandes quantité, etc.

Neuvième leçon.

En outre de ce qui a été dit dans la leçon précédente, tout bon cultivateur doit savoir et ne jamais
perdre de vue que pour obtenir de riches, très riches
moissons, il faut détruire avec soin et sans relâche
ce que les laboureurs nomment les bourriers qui sont
dans les champs et perdent la terre, et malheureusement dans un foule de départements de la France, il
y en a en quantité telle de plantes parasites vivaces et
autres connues sous ce nom de bourriers, que partout
où il s'en trouve, non seulement elles étouffent presque les récoltes de froment surtout, mais encore elles

appauvrissent le sol qu'elles ont envahi presque tout entier, au point que trop souvent on y récolte à peine le double de la semence, même moins, et encore en très mauvais grain dont on ne trouverait pas la vente.

Rien en cela d'étonnement, parce qu'il est facile de comprendre, que toutes ces plantes si nuisibles sont vivantes et qu'elles ne vivent qu'en absorbant et détruisant tous les principes et se nourrissant des terres, quel qu'elles soient, bonnes ou mauvaises.

Il est donc bien compris et entendu ici, que tout cultivateur qui voudra faire de bonnes affaires, obtenir de riches produits en récolte de toute natures, être cultivateur distingué et honoré de tout le monde, comprendra que pour atteindre ce but, il y a indispensabilité de détruire par tous les moyens possibles, toutes ces mauvaises plantes et les détruire même auparavant leur floraison.

Ainsi donc un bon cultivateur doit ce dire chaque jour à lui-même, si je veux être riche et heureux il me faut faire des masses d'excellent fumier et composts et faire disparaître de mes champs, à force de travail quand bien même, toutes les mauvaises plantes nuisibles, qu'on nomme des bourriés.

Qu'ici, au reste, tout propriétaire, fermier, laboureur, quelqu'ils soient, sachent bien que, dans n'importe quelles terres, bonnes ou mauvaises, force bon fumier et destruction des plantes nuisibles dans le sol, sont deux choses qui forment la base fondamentale, la véritable clef de leur fortune, dont tout laboureur, riche ou pauvre, est libre de se servir tous les jours de sa vie, en joignant à sa bonne volonté une énergie exemplaire, un courage incessant : sans cela, encore une fois, *misère*, *pauvreté*, en ce sens qu'on peut dire avec raison tel que ne cessent de le répéter les plus savants agronomes de France, *pauvre agricultu-re, pauvre agriculteur ! où il n'y a pas d'ordre, il y a du désordre ! où il n'y a pas de travail persistant, on y trouve de la misère.*

Grâce à notre si bon, si puissant et si vénérable souverain, l'Empereur Napoléon III, n'est-il pas vrai de dire que la carrière de l'agriculture est une des plus belles professions qu'on puisse exercer, et que depuis déjà des années, cette belle carrière de l'agriculture offre et offrira de plus en plus, d'immenses avantages à tous ceux qui s'y livreront avec zèle et ardeur, car indépendamment qu'ils cultiveront et recueilleront eux mêmes toutes les choses nécessaires à la vie ; ils peuvent être assurés qu'en outre, ils obtiendront souvent, à titre de récompense et d'encouragement, des médailles d'or et d'argent, des primes aussi en argent. Enfin, on ne connait pas d'autres professions que celle de l'agriculture qui permettent si facilement de se distinguer, d'être honoré et très recommandable dans la société.

Grâce aussi à son très illustre ministre de l'agriculture dont le zèle incessant est à toute épreuve, grâce enfin, à certains d'entre Messieurs les préfets des départements. parmi lesquels on doit citer partilièrement, pour rendre hommage à la vérité, M. Féart, préfet d'Ille-et-Vilaine, on peut dire bien haut, partout et bien publiquement, que ce Magistrat distingué n'a craint ni peines, soins, voyages etc., pour saisir toutes les occasions favorables dans tous les concours et fêtes agricoles de son département, pour encourager, exciter avec une persistance quasi incroyable, à qui n'a pas entendu ses discours, jusqu'à prendre la parole huit ou dix fois dans la mêe réunion, et par là même, donner une impulsion tellement vigoureuse à tous ses auditeurs qu'il faudrait n'avoir ni bon sens ni instruction, pour, en présence de tels encouragements, ne pas se prêter et s'efforcer de seconder ses vues, touchant la plus grande prospérité de l'agriculture.

Grâce donc avant tout, je dois le répéter ici, *à notre bien aimé souverain*, qui fait jaillir sur tous ses sujets une source intarissable de bienfaits ; les bons, les meilleurs principes et méthodes vont être mis plus que jamais au grand jour et vulgarisées partout, entre les mains surtout, de la jeunesse qui fréquente les écoles rurales primaires, jeunesse dont la majeure appelée à faire de bons et savants agronomes ou cultivateurs ; jeunesse qui sans doute saura s'appliquer à acquérir de vastes et profondes connaissances en agriculture, pour un peu plus tard, progresser de plus en plus dans cette si honorable carrière, et la faire devenir plus florissante que jamais. Honneur donc aux jeunes gens qui se distingueront, tant par leur bonne conduite que par leurs succès en agriculture ; car des récompenses dignes de leur dévouement et de leur savoir dans cette partie, ne leur feront jamais défaut, ils peuvent y compter assurément.

Ainsi donc, courage à tous ; courage, honneur et progrès !

Resterait à continuer cette neuvième leçon, en désignant les plantes parasites et autres, les plus nuisibles, et la manière de les détruire.

DIXIÈME LEÇON.

Il faut aussi savoir qu'on ne doit jamais bêcher, herser ni labourer la terre dans aucune saison par la pluie, tant petite qu'elle soit, il y aurait perte majeure tant sur les produits à obtenir que sur les animaux, dont la santé pourrait être compromise par suite du travail.

Il ne faut jamais, également, travailler les jours de dimanche et fêtes, si ce n'est dans une extrême nécessité, pour sauvegarder des récoltes en danger : encore est-il très bon et obligatoire d'en demander permission aux prêtres de sa localité, qui ne la refusent jamais.

Il faut toujours labourer profondément avec la charrue, et faire en sorte que la terre soit toute remuée, sans cela, il serait de toute impossibilité de compter sur de riches récoltes.

Dans les terres saines et franches, légères ou à demi légères, dont le sous-sol est perméable, c'est-à-dire qui boit bien l'eau pluviale, celle qui tomberait pendant un jour entier, et, qui ayant traversé le dessus de la superficie du champ, qu'on appelle la couche arable, pénètre encore dans le sous-sol ; dans ces terres, on ne doit pas faire des sillons, vu qu'il y a perte en ce que la production est moins grande, les grains des semences qui se trouvent être dans le fond de ces sillons, ne végètent pas bien, et ne ne donnent que de petit grain peu nourri. On doit donc faire des planches de dix ou douze raies avec la charrue. Ces planches se font en commençant par le milieu même de la planche qu'on veut faire, puis à chaque extrémité, c'est-à-dire à chaque bout, on tourne toujours avec la charrue jusqu'à ce qu'il y ait dix ou douze raies faites, lesquelles font une planche non bombée, et dont la terre, qui est légère, conserve mieux l'humidité nécessaire à la végétation du grain pendant l'été, et d'un autre côté, tout le terrain qui compose les planchesainsi faites, est couvert partout de grain de semence qui vient beaucoup mieux et donne de plus riches produits.

Dans les terres argileuses ou tout autre terrain mouillé dont le sous-sol est imperméable, c'est-à-dire qui ne boit pas l'eau pluviale qui a traversé la couche arable, quelque chose que l'on veuille y cultiver, il faut, pour assainir ces terres, en enlever ou empêcher l'humidité qui obvierait à tout produit ; y faire aussi des planches, mais des planches excessivement bombées. Ce bombe très-prononcé des planches ne s'obtient qu'en faisant tout au moins trois labours sur la même planche, entre chacun desquels on donne un coup ou deux de herses à dents de fer, et au besoin on se sert en outre de la houe à la main ou d'un rouleau de bois pour casser toutes les grosses mottes ; entre chacun des labours, on doit laisser s'écouler quinze à vingt jours pendant lesquels beaucoup de mauvaises plantes lèvent et se trouvent détruites par le labour subséquent.

Les planches ainsi faites, le grain une fois semé, on doit avoir le soin de curer à la pelle toute la terre qui se trouve entre chaque planche ; ce travail, d'une grande importance, fait que l'humidité ne peut jamais gêner soit le grain ou ce qu'on a semé dans le champ. Il va sans dire, qu'en curant à la pelle entre les planches, on doit commencer par le bout des planches où le terrain est le plus élevé, enlever un peu plus de terre à mesure qu'on descend, afin d'obtenir du haut au bas de la raie, entre chacune, une pente légère mais pourtant assez prononcée pour que l'eau arrive aisément au bas bout où on a le soin de pratiquer une rigole transversale longeant toutes les planches, en un mot tout le champ ; laquelle rigole, curée à la pelle aussi, doit être de même en pente assez prononcée pour que toute l'eau qu'elle est des-'tinée à recevoir, puisse être conduite dans un fossé et sortir du champ. Il est bon de remarquer ici qu'on ne doit opérer ainsi dans les les terrains bien mouillés, argileux et à sous-sol imperméable, que dans le cas où ces terrains ne sont pas drainés. Dans une autre leçon on parlera du drainage. Il resterait à indiquer dans cette dixième leçon les différentes époques auxquelles les labours doivent être faits de préférence pour semences et récoltes de toute nature, avec quels instruments etc., etc., la quantité de voitures d'engrais ou le poids environ à employer par hectare de terre, suivant la qualité d'icelles.

ONZIÈNE LEÇON.

DRAINAGE. — Expliquer ce que c'est, et que l'unique but qu'on se propose en drainant les terres très mouillées, est d'assainir la superficie du sol surtout, afin d'en pouvoir tirer de bons produits ; car l'intensité d'humidité dans les terres très mouillées, où souvent pendant l'hiver l'eau y est stagnante, obvie à tout produit pour ainsi dire.

Ainsi donc, il serait bon de faire ressortir ici les grands avantages du drainage, ses résultats, les frais environ nécessités par hectare de terrain. Et pour les laboureurs qui sont dans l'impossibilité sous le rapport des ressources pécuniaires suffisantes d'utiliser le drainage, et c'est le grand nombre en France, plus des trois quarts des cultivateurs sont dans ce cas, indiquer les moyens faciles à employer et fort peu dispendieux, d'assainir pourtant les terres mouillées, afin de ne pas les laisser incultes, mais d'y cultiver ce qu'on vondra, et d'en tirer de bons produits.

Faire remarquer que des terrains qui ont été assainis par le drainage ou par les autres moyens dont tout cultivateur peut faire usage aisèment, lesquelles terrains ne produisaient presque rien auparavant, mais que depuis leur assainissement, les bons produits qu'on a pu en retirer ont égalé à peu près ceux des bonnes terres.

DOUZIÈME LEÇON.

Le plus pressant, le plus important, le plus à désirer de tous les progrès qu'on puisse réaliser en agriculture dans toute la France, est celui qui nous procurera annuellement de véritablement grandes abondances de grains de toute nature, surtout de froment ; c'est de ce grand progrès, si désirable et en même temps si réalisable, que dépend la vraiment grande fortune publique, celle l'état, et en même temps le bien-être de la classe nécessiteuse, qu'il importerait tant de soulager au moyen de la vente des grains à bon marché. Ainsi donc, pour y parvenir, il ne s'agit que de se pénètrer profondément d'une seule qui consiste à faire et à se procurer, par tous les moyens possibles, des masses de bons engrais, fumiers et composts ; et pour arriver à ce résultat, il faut se pénètrer des moyens faciles, très faciles de le faire. Les voici : lorsqu'on a curé, c'est-à-dire ôté le fumier des étables, écuries, moutonneries et porcheries des fermes, on doit ensuite et avant tout, y mettre dans le fond, avant toute autre litière et dans toute l'étendue, à force gazons secs, ou terre, de sept à dix centimètres d'épaisseur, puis par dessus une bonne litière ; cinq ou six jours après, une autre petite couche encore de terre ou gazons, mais que le tiers ou qùart de la première, de la litière par dessus, et répéter la même opération jusqu'à ce qu'on cure à nouveau les lieux dont on vient de parler. Ces diverses couches de terre, surtout celle qui est dessous, sur le sol même, reçoivent et s'emparent des éléments qui, en principe, sont des trésors de fécondité pour les terres, de même que les matières fécales elles-mêmes. Il est facile de comprendre que, quand bien même on mettrait les litières six fois plus épaisses qu'on ne le fait ordinairement, il n'en serait pas moins vrai et très vrai, que les urines des animaux à mesure quelles se produiraient, traverseraient cette litière jusqu'au sol, dans lequel, uaturellement, elles s'infiltreraient à pure perte ; c'est pourtant ce qui arrive chaque jour, malheureusement presque partout, du moins dans les dix-neuf vingtièmes des fermes en général.

Ces gazons et terres imprégnés d'urines, font un engrais beaucoup plus puissant que celui formé des matières fécales et litières, mais le tout mélangé, si on y ajoutait surtout du sel en certaine quantité, ferait un engrais par excellence : un engrais qui enrichirait nos terres à vue d'œil, et qui, assurément, doublerait environ nos récoltes de toutes sortes,

Il est donc très facile et non dispendieux, de faire beaucoup de bons fumiers. Cette douzième leçon resterait à finir en expliquant qu'il faut toujours avoir le soin de faire les tas de fumier à l'ombre, de ne les laisser jamais fumer par suite de la décomposition des matières végétales qui s'y trouvent, quand il faut les arroser, et ce qu'il faut faire pour recueillir le purin qui s'en échappe, etc., etc. ; puis comment faire des masses de composts, formés de toutes espèces de végétaux, de terre, etc., etc., le tout destiné à doubler le produit en foin dans les prairies.

Ces composts, si précieux dans toutes les fermes, ne coûtent que la peine de les faire. Il va donc sans dire qu'on ne saurait être trop actif, zèlé, ni sacrifier trop de temps pour faire tous les engrais, fumiers et composts dont on vient de parler, puisque c'est la seule clef et la seule base de la bonne et riche agriculture ; c'est la première ligne à suivre sans relâche, c'est enfin de cette clef, si l'on veut s'en servir à propos, que dépend la fortune, le bien-être de tous les cultivateurs.

Il faut savoir encore, qu'avec des bruyères, du landin, des feuilles, de la terre, de la paille, quelle qu'en soit la provenance et l'espèce, les bouillons des rues des bourgs et villages et étrages des fermes, un peu de fumier d'étable ou d'écurie, de la tangue ou sablon de mer, un peu de cendres et charrée si on le peut, à force bourriers et mauvaises plantes prises dans les champs et jardins, que le tout soit vert ou sec, peu importe ; du menu bois, ronces, épines, balayures de maisons, le tout bien mélangé et en gros tas, puis se procurer des matières fécales un peu, et urines humaines beaucoup, y ajouter un tiers d'eau, remuer avec une fourche, que le tout soit très clair, puis en arroser le tas et le recouper à nouveau, on aura obtenu un très riche compost qu'il faudrait de 25 en 25 jours remuer deux autres fois, puis, un mois après, s'en servir. A défaut de matières fécales et urines humaines, on se sert de celles des animaux.

Il y aurait ici omission de ne pas dire que pour obvier à ce que les tas de fumier fument, on doit, à chaque fois qu'on a vidé les étables, écuries, etc., mettre par dessus une bonne couche de terre ou gazons, comme aussi faire à nouveau, tous les trois mois au plus tard, le tas de fumier, ayant toujours soin de mélanger les espèces ; faire également en fin d'août, chaque année, une forte provision, pour l'utiliser pendant l'hiver. de terre et gazons secs, qui, si on n'a pas où déposer le tout en sec, doivent être mis le plus à proximité possible des étables, écuries, etc., ayant soin de recouvrir ce tas avec assez de paille ou bruyère, afin que l'eau pluviale ne s'y infiltre pas.

Il faut bien se pénétrer d'une chose touchant les composts dont on vient de parler, que tout cultivateur soigneux trouvera aisément, chaque année, sur une ferme de 18 à 20 hectares, tout ce qui sera nécessaire en matières déjà désignées, pour produire chaque mois de cinq à six voitures au mois de ces composts. A défaut d'urines et matières fécales, il faut mettre de la chaux, mais jamais les deux ensemble : il y aurait perte majeure. Le détail du pourquoi serait long à expliquer, il suffit de dire de ne pas opérer le mélange : c'est de se borner à l'un ou à l'autre.

Le progrès le plus désirable à réaliser en second lieu, est de faire beaucoup de prairies artificielles, trefle, raygras, luzerne, etc., etc., et de ne jamais manquer de semer du trèfle dix à douze kilogrammes *tout au moins*, par journal de 50 ares de terre, cela dans tous les champs de froment de la ferme, et dans la première semaine de mars, chaque année, d'en semer également la même quantité au printemps en semant l'orge, c'est-à-dire après l'avoir semée, mais auparavant de la herser. Cultiver enfin, le plus en grand possible, les plantes fourragères et fourrageuses y comprises les pivotantes. Parmi ces dernières, on ne saurait trop recommander la culture tout-à-fait en grand des navets, si faciles à récolter sans frais, pour ainsi dire, fort peu de travail, et pas du tout d'engrais si l'on veut, ou du moins fort peu; il réussit dans toutes les terres : d'un autre côté, il est aussi bienfaisant aux hommes qu'aux animaux, il est pectoral, la chair en est serrée, et la feuille bonne pour toute l'espéce bovine. On le séme sur un simple labour où même sur un fort hersage, depuis la mi-juin de chaque année à la mi-août, en se gardant bien d'enterrer la graine, qui ne léverait pas.

Il ne faut pas le semer dru, c'est-à-dire épais, tout au plus un kilogramme et demi par journal. La graine, qui en est commune et à bon marché, 1 fr 50 à 2 fr. 50, offre encore un avantage : facile qu'il est à récolter presque sans frais, car il est indiscutable qu'il coûte , une fois ramassé en provision pour l'hiver, *les neuf dixièmes moins que la betterave*, si on calcule tout: main d'œuvre, engrais, etc., et pourtant bien plus riche en parties nutritives. On devrait en récolter par chaque ferme composée de quinze à vingt hectares, de six à dix mille kilogrammes au moins. Il est bon d'en semer *très souvent* entre les deux époques ci-dessus notées, mais la saison qui offre les plus favorables résultats, est depuis la mi-juillet au premier août. La meilleure espèce est celle qui pomme en terre et non par dessus, cela en raison de l'avantage qu'on a de laisser en terre, même pendant l'hiver et de les arracher seulement quand on en besoin, si l'on ne préfère pas les ramasser avant l'hiver.

Le navet offre encore plus que toutes les plantes que nous pouvons cultiver comme coupage et fourrage vert précoce, un immense, mais très immense avantage sous tous les rapports, à cause de sa précocité, puisqu'on peut le faire manger en vert à la crèche, dès la mi-mars, et qu'à la fin de ce mois, il a atteint un mètre de hauteur.

Pour le récolter ainsi comme coupage, il faut le semer sans faute du 20 au 30 août tout au plus tard, et se procurer de la graine de l'espèce dite Rabioule, assez connue partout; ce navet est tout blanc et plat comme une grosse montre, il vient passablement gros, pomme en terre et n'y gèle pas. On doit semer deux kilogrammes de graine par journal de 50 ares, en raison de ce qu'on le sème pour coupage.

Il n'y a que le colza semé du 10 au 20 août à la même quantité de graine au journal que le navet qui comme coupage très-bon à donner à la crèche en vert, approche par sa précocité comme coupage de printemps, du dit navet.

On ne ne saurait en semer trop grand chaque année quand on pense combien est avantageux aux animaux ce coupage dans le commencement du printemps. Il est à observer ici que pendant le premier mois surtout qu'on en donne, il faut dès le début y ajouter presque moitié paille bien mélangée avec le coupage vert, soit de navet ou colza, de huit jours en huit autres diminuer la quantité de paille.

Enfin, il serait aussi très avantageux de faire beaucoup de pommes de terre et de topinambours, et remaquer que les topinambours ne gèlent jamais, même dehors pendant l'intensité du froid.

Betterave. — Cette plante, à racine pivotante, est pour la nourriture des animaux bien inférieure au navet, en ce sens que sa racine ou mieux son fruit est aqueux et strié, surtout l'espèce rose ou rouge; on en jugerait aisément si, en le coupant par morceaux, on le soumettait à la pression, comme on fait des pommes pour en obtenir le jus ; c'est le seul moyen de s'en rendre un compte exact. La betterave jaune dite le globe ou jaune orange, est moitié meilleure, en ce sens que sa chaire est plus serrée, etc. Mais dans beaucoup de départements on est encore peu éclairé sur la culture de la betterave ainsi que sur le plus ou moins grand avantage qu'il y a à la cultiver. Si un nombre immense de cultivateurs se sont lancés en aveugles dans sa culture, cela sans se rendre le moindre compte, encore est-il vrai qu'ils cultivent presque tous la rouge ou rose, qu'ils y emploient, quand bien même, du fumier en abondance, et cela dans des terres presqu'entièrement envahies par des plantes parasites vivaces et autres, tout cela au détriment de leur ensemencé en froment, ils n'ont égard qu'à une chose : c'est la mode, disent-ils, c'est le progrès, sans se dire il m'a fallu faire plusieurs labours, j'ai mis force engrais valant tant, le sarclage, l'arrachage et le nettoyage de la betterave, beaucoup plus tendre à la gelée que le navet parce qu'elle est très-aqueuse. Mais quand on est à portée de les vendre à des raffineries, pour en obtenir le sucre, et qu'on a des terres très-riches en humus et qu'on y cultiverait l'espèce qui convient ad hoc, ce serait une autre affaire et une assez bonne spéculation d'autant mieux qu'après la partie sucrée enlevée, on peut en avoir la pulpe ou résidu, et encore l'utiliser comme nourriture aux animaux.

CAROTTES A COLLET VERT. — Elles sont excellentes pour tous les animaux et surtout pour le cheval, à cela près qu'elles deviendraient très-dangereuses si on lui en donnait en trop grande quantité par jour, car elles lui feraient faire des urines en quantité telle qu'il en surviendrait une maladie très-grave ; six à huit kilogrammes par jour et par cheval , c'est tout ce qu'on peut faire sanr danger aucun, ou en donner moins, mais davantage si c'est chaque jour répété, on s'expose aux plus graves conséquences.

Les carottes entretiennent la fraicheur du sang des animaux , les nourrissent bien et donnent au cheval beaucoup plus de forces et de jambes que le foin, mais moins que l'avoine qui au reste coûte plus cher et dont la quantité est trop échauffante.

Pour les cultiver avec avantage, il faut beaucoup de bon fumier, plusieurs labours préparatoires, une terre de fond, bien ameublie, riche en humus, peu ou presque pas de bourriers, et les semer en lignes espacées de trente centimètres au moins, les bien sarcler, à défaut de ces conditions, il y a perte majeure à les cultiver ; mieux vaut beaucoup employer son fumier au froment, il produit bien davantage.

Pour ce qui est des animaux reproducteurs, des instruments aratoires perfectionnés, tout cela est bon, bien bon , mais néanmoins ce sont des choses tertiaires, etc. On ne doit pas se lasser de le dire , il faut se débattre jour et nuit avant tout pour créer des masses très-considérables d'engrais , fumiers , composts et amendements de toutes sortes, premier soin ; ensuite destruction des plantes nuisibles, bons labours en saisons convenables et riches moissons de toute nature de grains, deuxième soin. Fumer les prairies de fond, les bien irriguer, en créer beaucoup d'artificielles , beaucoup de coupages et fourrages, cultiver les plantes pivotantes qui offrent, suivant la nature du sol, le plus d'avantage, troisième soin ou mieux principe : lesquels principes vulgarisés partout et mis en usage, *pourront seuls produire une fortune générale publique, près et loin et partout, et faire le bonheur de tous*. N'est-il pas palpable, évident, que, quand, par suite d'une véritable abondance céréale, obtenue par chaque cultivateur, abondance aussi de plantes fourragères et fourrageuses, la fortune, l'aisance du moins chez tous les cultvateurs, exigera forcément qu'ils aient de bons et beaux animaux et de bons instruments perfectionnés, car, en fin de compte pourrait-on nier que, *qui veut la cause veut les moyens*? Il est bon de savoir aussi que, dans une ferme et en proportion de son étendue, il est d'une importance majeure d'y cultiver beaucoup de choux et de les fumer fortement. Le chou commun, dit grand cavalier, donne beaucoup et résiste à l'intensité du froid. Celui dit du Poitou, à vaches, est bon aussi, mais parfois il succombe au froid des hivers un peu rigoureux. Une autre espéce, dite gros Moëlier, dont le trou est long, trés gros, presque tout moëlle, et qu'on ramasse en fin d'automne dans les granges, comme bonne provision d'hiver pour les animaux ; cela bien entendu, après leur en avoir fait manger les feuilles. Ce chou est bien supérieur à tous les autres, il tient le premier rang parmi toutes les autres espèces à cause de l'avantage qu'offre sa culture, car il est vrai de dire que quand il est planté en bon fond et fortement fumé, ses feuilles d'un vert brun, salées de goût, larges et épaisses, et dont la longueur, depuis le trou du chou à l'extrémité de la feuille, a, bien souvent. plus d'un mètre de longueur ; ce chou a été introduit en France par M. Gernigon, Maire de la commune de Saint-Fort, arrondissement de Château-Gontier (Mayenne), il y a environ 15 ans. Ce M. Gernigon est un agronome éminemment distingué, qui, en cette qualité, est président du comice agricole de la ville de Château-Gontier. Il y a en outre le gros chou rave, dit Boule de Siam, venu des Indes. Ce chou, dont les feuilles sont tout autour de sa grosse boule, tantôt violette ou blanche, lesquelles feuilles comptent pour peu de chose, est très avantageux à cultiver, en raison de la grosseur de sa boule, qui dépasse souvent celle des gros navets, en ce qu'elle est une très bonne nouraiture pour l'espèce bovine et même porcine, en ce qu'elle se conserve très bien dans les granges; et enfin en raison de la facilité et de la simplicité de sa culture. On sème la Boule de Siam à place, sans la repiquer si l'on veut, dans les trois premiers mois du printemps.

TREIZIEME LEÇON.

Apiculture. — Il s'agirait de faire ressortir dans cette leçon l'immense et incontestable avantage qu'il y a à avoir partout, sans exception, dans toutes les fermes, des ruches d'abeilles, même encore chez les maisonniers des bourgs et villages ruraux qui ont des jardins, et en avoir la plus grande quantité possible de ruches. Expliquer qu'il ne faut ni grands travaux ni fermage de terres, ni pour ainsi dire de capitaux, mais un peu de soi seulement, qu'ayant en commençant deux ou trois ruches d'abeilles, quelques années plus tard, ces mêmes ruches en ont produit beaucoup d'autres. Dire combien une bonne ruche peut peser ordinairement, que le miel est très sain et nourissant, qu'il est très aisé de le vendre ainsi que la cire qui est toujours d'un grand prix. Indiquer enfin où placer les ruchers, ce qu'il faut faire et observer pour bien faire prospérer les abeilles, etc.

QUATORZIÈME LEÇON.

L'avantage sous le rapport de l'économie, de la

main d'œuvre, de la bonne et prompte confection de tous les travaux agricoles, qu'il y a à se procurer de bons instruments aratoires perfectionnés, que, dans tous les départements de la France, il y a une grande quantité de bonnes fabriques de tous les instruments nécessaires. Expliquer qu'en première ligne on doit se procurer la machine à battre les grains, puis tel et tel autres instruments de préférence etc.

QUINZIÈME LEÇON.

Combien il est important, dans l'intérêt de tous les cultivateurs en génèral, de n'avoir que de bons et de beaux animaux bien choisis, sans que pour cela il faille se procurer les plus grands, les plus gras ni les plus chers. Il faut en outre bien les nourrir et en avoir un soin minutieux, leur donner à manger aux mômes heures : huit animaux bien nourris et soignés produiront plus de bénéfices sous tous les rapports, que douze qui le seront mal. L'eau très salée devrait toujours être employée en aspersion sur tous les fourrages secs qu'on donne aux animaux de toutes espèces. Les frais en sont trés minimes, un peu plus de travail seulement pour tourner et retourner avec la fourche les fourrages, à mesure de leur aspersion avec une petite balayette, soit de genêt, de bruyère, etc. Il y a au moins un quart ou un tiers d'avantage ou économie, à saler beaucoup la nourriture qu'on donne aux porcs, pour leur parfait engraissement : en outre de cet avantage, leur chair est de bien meilleure qualite. Enfin, si, dans les années que les fourrages secs ont souffert par un temps pluvieux au moment de la récolte, on ne les asperge tous avec de l'eau très salée, tel que cela se fait dans un nombre très considérable de fermes

et dans beaucoup de départements de la France, sans
même que les fourrages aient souffert, il en résulte toujours que les animaux nourris de ceux des fourrages
qui ont perdu de leur qualité, sont couverts *de poux*
ont des maladies graves, périssent quelquefois, ou,
sinon, au lieu de profiter, s'amaigrissent beaucoup, et
perdent de leur valeur primitive.

SEIZIÈME LEÇON.

Les résultats majeurs, la grande influence qu'exerce
tant sur la qualité que sur la quantité des produits en
grains de toute nature, le choix judicieusement fait des
bonnes semences, principalement de celles de froment,
qui, avant d'être confiées à la terre, doivent toujours
subir une préparation, soit avec le sulfate de soude et
la chaux, etc., etc. Indiquer la manière de le faire,
afin de préserver tout le produit de la carie, qui, trop
souvent, compromet plus de la moitié ou les trois quarts
de la valeur des récoltes.

Chaque année on devrait renouveler les semences
de tous ses grains, à moins qu'ils soient de première
qualité. Il y a toujours avantage, et pour ce faire, prendre les nouvelles semences le plus loin de chez soi
possible. Beaucoup mieux vaut aussi, semer moins
grand, mais fumer fortement.

DIX-SEPTIÈME LEÇON.

Indiquer la manière de faire le cidre bon et de
premire choix qu'on appelle jus de pommes. Idem le
cidre de deuxième qualité, qui doit être fait avec le
même marc des pommes qui ont produit le cidre premier choix. Observer de ne jamais abattre les

pommes des pommiers à coups de gaule, mais les laisser tomber d'elles-mêmes, les serrer très souvent, etc., etc.

DIX-HUITIÈME LEÇON.

Indiquer le meilleur systéme à suivre pour faire le vin aussi bon que possible, car la bonne qualité du vin, sa saveur agréable, sa spirituosité et sa faculté de se conserver plus ou moins longtemps très bon, dépend de la juste proportion dans laquelle diverses subtances s'y trouvent combinées, car il est constant que les principes constituants du vin sont : 1° de l'eau, qui en forme la partie la plus considérable ; 2° de l'esprit ou alcool formé par la fermentation aux dépens de la matière sucrée qui était contenue dans le raisin ; 3° nn peu de matière sucrée non décomposée ; 4° des sels à base de potasse et surtout de tartre, dont l'acidité contribue à donner au vin une saveur agréable, lorsqu'il est établi dans une proportion convenable ; 5° un arome qui varie beaucoup, selon les localités et qualités du raisin ; 6° une matière acerbe ou astringente qui existait principalement dans les pépins et les grappes du raisin, et qui, en modifiant la saveur du vin, contribue essentiellement à sa conservation ; 7° une matière colorante qui résidait exclusivement dans la pellicule du raisin, cette matière est de nature résineuse, et par conséquent insoluble dans l'eau ; elle ne peut donc se disoudre qu'à l'aide de l'alcool, à mesure qu'il se forme par l'acte de la fermentation, *c'est pour cela que le raisin noir donne du vin blanc,* lorsqu'on exprime le jus avant que la fermentation se soit développée ; 8° de l'acide carbonique, substance gazeuse dont la plus grande partie s'est dégagée pendant la fermentation, mais dont une petite partie reste combinée à la liqueur.

Divers propriétaires, praticiens vinicoles très compétents, on dit et écrit que la bonne qualité du vin dépend de sa fabrication, judicieusement facile; *qu'avec du bon raisin il est fait souvent de mauvais vin,* et qu'avec du raisin de moyenne qualité, on peut en faire de bien bon.

Il resterait beaucoup à faire pour bien développer dans cette leçon les bons moyens de fabrication du vin, qui sont difficiles à généraliser, mais il n'y faut jamais mettre d'eau, le raisin en contient assez par lui-même.

DIX-NEUVIÈME LEÇON.

Dire comment se font les eaux-de-vie de vin et de cidre, soit de pommes ou de poires. La fabrication des eaux-de-vie n'est pas *abstruse,* elle est au contraire très simple, très facile. Le premier ouvrier venu, qui pendant huit jours en verrait faire, et auquel on donnerait quelques explications de détail, pourrait en fabriquer aisément. Dix barriques environ de la contenance de deux hecto quarante litres chacune en cidre de poires *pur et sans eau,* suffisent pour faire une barrique d'eau-de-vie. Douze barriques de cidre de pommes *pur et sans eau,* font également une barrique d'eau-de-vie, ayant, soit en poires ou pommes, environ 48 degrés couverts au thermomètre centigrade Réaumur. Suivant la quantité d'eau qu'il y aurait dans n'importe quel cidre, partant de là il en faut davantage de barriques pour chacune d'eau-de-vie ; enfin 14, 15, 18, et jusqu'à 20 barriques, parce que c'est le jus des pommes ou poires qui se convertit en alcool. Les lies de cidre pommes, poires et vin font également de l'eau-de-vie, mais en proportion de ce qu'étaient comme qualité les susdits liquides. Cette leçon resterait à terminer. Il faut à peu près trois stéres de gros bois de chauffage pour faire une barri-que d'eau-de-vie.

VINGTIÈME LEÇON.

Dire combien il est important de bien savoir repar-tir convenablement chaque semaine, chaque jour, tous les travaux à faire dans une ferme au cours de l'année, cela sans surcharger de travail les animaux de trait. Il est bien évident qu'il faut bien se garder de les laisser trop longtemps oisifs, puis les abîmer ensuite par un travail pénible, quasi incessant. Com-bien encore il est avantageux pour tous les cultivateurs d'élever sur leurs fermes bon nombre de porcs, de leur donner beaucoup de choux, id. du gland de chêne, et surtout, au lieu de choux, de les faire pacager dans des champs de trèfle au deux tiers venu, d'en engraisser également un bon nombre. Il faut peu de temps pour ce faire, car le trèfle seul les met aux deux tiers gras, puis du gland de chêne réduit en farine dans un moulin à eau ordinaire, après toutefois, avoir, deux deux fois différentes, mis ce gland dans un four, immé-diatement après en avoir ôté le pain cuit. Cette farine de glands, mélangée avec égale quantité de pommes de de terre cuites et bien écrasées, ajouter à la totalité un bon tiers au moins de farine d'orge, blé noir ou maïs, soit l'une ou l'autre, fortement saler le tout avec le sel ordinaire, bien mélanger le tout dans une grande cuve en bois, et faire aigrir toute cette pâte avec force vieux levain fait exprès.

Qu'on prépare ainsi une telle quantité qu'on voudra de cette nourriture, et qu'on la fasse surtout bien aigrir, en aurait-on pour trente ou quarante jours en provision de réserve, qu'on en donne aux porcs à l'engrais cinq fois le jour au moins, aux mêmes heures, mais tiéde, même chaud s'il fait froid, qu'on y ajoute de l'eau pour que ce ne soit ni clair ni trop épais ; on criera au miracle en voyant comment les porcs ainsi nourris engraisseront à vue d'œil et en peu de temps.

Pour les jeunes porcs qui ne sont plus sous leur mère, le gros lait aigri est pour eux une nourriture par excellence. Il y a eu de tous temps de très grands avantages à élever, nourrir et engraisser des porcs dans les fermes, quand on sait s'y prendre. Il y a également de beaux bénéfices à élever, nourrir et engraisser des volailles, oies, canards, poules, etc. L'oie se plume vivante deux ou trois fois l'année, et son produit annuel en plume est au minimun de 1 fr. 20 c. à 1 f. 50 c. par oie. Un oison adulte engraisse en 30 jours en lui donnant seulement un double décalitre d'avoine ou de blé noir en grain sec, et pour boisson de l'eau de vaisselle ou pure. Une bonne oie grasse doit peser de cinq à sept kilogrammes suivant l'espèce, et se vend de cinq à sept francs au moins. Moins l'oie est grise dans son plumage, plus tendre et meilleure en est la chair. Dans le canard, c'est tout le contraire : plus ils sont noirs et plus blanche et fine en est la viande. Les meilleures poules de toutes sont celles dont le plumage est tout noir. Les oies auxquelles, dès le commencement de leur adolescence, on donne à manger à satiété des feuilles de choux communs ou du trèfle grossissent très promptement.

Il y a perte majeure à élever ou nourrir des moutons dans les pays où le terrain est mouillé, boueux ou même très frais, ils n'y réussissent jamais, ils ont la cachéxie, maladie qui, presque toujours, s'empare de tout le troupeau et le fait périr. D'un autre côté, dans ces pays mouillés, il y a presque partout, et surtout dans les praires, une plante appelée vulgairement douve, dont les feuilles, d'un vert très prononcé ou mieux foncé, sont oblongues, et ont assez de similitude pour la forme, à l'as de pique d'un jeu de cartes, elles ont le goût aussi poivré que le meilleur poivre, on s'en assure en coupant menu entre les dents deux ou trois de ces feuillles. Les moutons en sont très friands et recherchent cette plants de préférence aux autres.

Au bout d'un certain laps de temps après en avoir mangé, les yeux de tous les moutons sont sans cesse larmoyants, ce qui est la preuve certaine qu'ils sont ce qu'on appelle endouvès, c'est le terme vulgaire : ils sont donc gravement malades, et il est grand temps d'avoir recours à un bon vétérinaire diplômé. Cette plante, qu'on nomme douve, il y a la grande et la petité, également malfaisante même à tous les bestiaux, est proprement dite la renoncule des marais et des prés. Les moutons n'offrent de bénéfices à ceux qui en ont qu'autant que le pays est sec ou montagneux, car, si seulement pour se rendre de la ferme au pacage le chemin est boueux, ils ne prospèrent pas du tout.

Bien soigner les jardins des fermes, les fortement fumer, car un jardin richement ensemencé est un second grenier. Avoir le soin, dans chaque ferme, de tenir un petit registre où doivent être consignées toutes les recettes et dépenses de chaque année, afin de savoir d'où on en est. Également les produits de toute nature, la quantité de chaque espèce d'iceux, etc.

Il serait encore très important d'ajouter que les cultivateurs ne devraîent jamais acheter de ces liquides vendus et prônés par des annonces et promesses fallacieures insèrées dans les journaux, placardées en public, etc.; liquides qui soi disant doivent être employés à arroser les grains de semence avant de les mettre en terre, lesquels liquides, est-il dit dans les annonces, possêdent en eux-mêmes une énergie telle en faveur de la recolte à venir des grains ainsi arrosés, qu'il n'y a besoin d'aucun autre engrais dans la terre, vains mots, tout cela est supercherie et machination ; il faut bien se garder d'en acheter, sinon l'argent serait à fonds perdu.

Il va sans dire que toutes ces leçons laissent beaucoup à désirer sous bien des rapports, je me suis borné à exprimer mes idées et mon but, ignorant que suis de ce qu'il en pourra advenir.

Ici, Monseigneur, j'aurai l'honneur d'exposer en quelques mots à votre Excellence, qu'après avoir soumis à un nombre considérable de personnages distingués bien capables d'en connaitre la question majeure, de savoir: si um petit opuscule dans le sens dont je viens de parler, était mis en possession de tous les élèves, *même des deux sexes*, qui, dans tout l'Empire, fréquentent les écoles rurales primaires et normales, et qu'il y eût obligation pour les maitres, qu'une demi heure par chaque classe fût consacrée à sa lecture par les élèves, et à son commentaire par les maitres et maitresses, serait un puissant moyen de vulgariser ce qui est *le plus désirable, le plus pressant, le plus important progrès à réaliser par la jeunesse en agriculture dans tout l'Empire*. Tous sans exception, ont admiré, ou tout au moins approuvé au plus haut degré ce moyen, en me disant hautement que cette idée de ma part est on ne peut plus heureuse, on ne peut plus grandiose, etc. En effet, il est facile de comprendre que, par suite d'une semblable innovation, l'opuscule dont je parle, présenté tant aux maîtres et maîtresses qu'aux élèves, sous les auspices de votre Excellence Monseigneur, serait un gage, ou plutôt un progrès général et simultané, accompli d'avance, progrès enfin, qui forcément serait incessant, et ne pourrait que s'étendre des enfants aux pères et mères etc. Les jeunes gens des deux sexes, à leur tour, ne deviendront-ils pas, ou du moins la presque totalité, des pères et mères de familles agricoles, qui, ayant puisé dans les écoles les meilleurs principes en agriculture, et pénétrés qu'ils seraient que ce sont les seuls et bons moyens à employer pour devenir cultivateurs aisés, distingués et récompensés lors des concours agricoles ; s'efforceraient, à l'instar les uns des autres, de les mettre en pratique, pour, par là, progresser de plus en plus ; le bon sens, au reste, le dit bien haut, et selon moi, il ne peut y avoir aucun doute.

ARTICLE 12.

De l'exposé du progrès en agriculture depuis quinze à vingt ans. — Du prix du grain et de la viande depuis la susdite époque. — Pourquoi, si souvent, de mauvaises récoltes de grains en France, et par suite, l'achat chez l'étranger de tant de millions d'hectolitres de blé.

Monseigneur, ce que je vais avoir l'honneur de peindre ci-après aux yeux de votre Excellence, est, ce me semble, d'une importance tellement majeure par son essence, que j'ose croire que vous daignerez y prêter, avec cette générosité qui vous est naturelle pour la prospérité de l'agriculture, toute votre bienveillante attention. Monseigneur, depuis vingt ans et plus. presque tout le monde, et dans tous les cercles de la société pour ainsi dire, chacun parle des grands progrès obtenus en agriculture : les mots progrès, agriculture, sont à la mode près et loin, on en parle même avec emphase, cela sans appéciation aucune, sans savoir pourquoi, si ce n'est que quand on n'en parle pas, on est sensé ne savoir parler de rien, puisque rien n'est aussi beau ni aussi intéressant pour tout le monde que le progrès fait en agriculture.

Plus des trois quarts assurément de la société toute entière croient à ce prétendu progrès obtenu depuis tant d'années, et pensent qu'on en obtient de plus en plus d'une manière incessante ; mais ils sont dans une profonde illusion, puisqu'ils se demandent eux-mêmes comment se peut-il donc faire que tout est si cher. Grain, viande, beurre, œufs, graisse, miel, lumière, etc. L'autre quart de la société, pris parmi les bons agronomes, agriculteurs, praticiens observateurs et appréciateurs éclairés, mais aussi sages qu'impartiaux, jugeant avec pleine connaissance de cause, sur ce qui se passe en agriculture, sur ce qu'on en dit et fait, enfin, sur ce qu'ils voient et savent, parlent, en fait de progrès agricole, d'une manière formellement opposée au grand nombre des personnes dont je viens viens de parler plus haut; mais ces derniers sont dans le vrai, sans pour cela nier non plus que moi, que depuis tant d'annees il n'y a pas eu de progrès bons à signaler ; mais ces progrès locaux, partiels, obtenus enfin sur des surfaces trop exigues, comparés

à la quasi incommensurabilité de la surface territoriale sur laquelle nous opérons en agriculture, et qui
compose tout l'Empire. Ces progrés enfin, ne sont
pas de nature, tant s'en faut malheureusement, à être
tant prônés.

En effet, Monseigneur, n'est-il pas hors du plus
leger doute, que de progrès en progrès dans la même
industrie, si ce sont de véritables progrès qu'on fait,
qu'on obtient, on arrive évidemment sinon à la perfection entière du moins à la quasi perfection de la
chose qu'on veut faire ; mais en France, pour ce qui
est du progrès tant vanté depuis si longues années
pourtant en agriculture, nous sommes toujours pour
ainsi dire dans le statu quo, et très-éloignés de cette
perfection ou quasi perfection en agriculture qu'assurément nous chercherons sans cesse et sans la pouvoir
atteindre tant que nous resterons circonscrits dans la
voie que nous suivons.

Enfin, n'est-il pas de toute vérite, Monseigneur,
que puisque le véritable progrès tend à la presque
perfection d'une chose et que depuis si longtemps
nous disons avoir obtenu ce progrès ; que s'il en était
ainsi, toute la surface labourable ou susceptible de
l'être sur laquelle nous opérons depuis tant d'années,
serait enfin arrivée à un état d'amélioration tel qu'il
est constant que dans aucune occurrence, nous ne
serions obligés d'acheter à l'étranger des onze à douze
millions d'hectolitres de blé pour une seule année;
mais au contraire, nous serions en mesure de lui en
fournir abondamment.

Bref, depuis vingt années, combien trop souvent,
chaque année, nous en a-t-il fallu de millions d'hectolitres pour subvenir à notre alimentation, et bien
pourtant qu'il soit vrai encore que tous les farineux

entrassent dans nos ports en franchise. Les milliards de francs versés en paiement de tous ces grains à l'étranger, sont pour nous une preuve surabondante que nous sommes vraiment bien loin du progrès tant prôné et qui est si désirable. Ici même, Monseigneur, j'aurai l'honneur de dire à votre Excellence que ce progrès si désirable. mais véritable progrès qui seul, par la vraiment grande et abondante production en France de grains de toute nature, ferait et peut faire la très-grande richesse de l'Empire, tout en augmentant sa force, son honneur et sa gloire, tout en mettant fin et en banissant la détresse ou mieux la plus profonde misère qui ronge d'une manière incessante la classe nécessiteuse, est assez facile à réaliser graduellement et en très-peu d'années ; seulement il s'agirait d'entrer résolûment dans la véritable voie qui y conduirait infailliblement,

Pour ce faire, j'ai eu l'honneur d'exprimer précédemment, danc cet Exposé, à votre Illustre Excellence, Monseigneur, toute ma pensée à ce sujet. Il serait donc inutile d'en faire ici de rechef le détail.

Une seconde preuve non moins péremptoire que celle dont je viens de parler, mais beaucoup plus significative en ce qu'elle est plus apparente, plus saisissable pour prouver hautement et à quiconque que nous sommes très-loin du progrès prétendu accompli, est de savoir que bien qu'on ait fait et dit, le pain, la viande de boucherie, le beurre, les œufs, en un mot toutes les denrées alimentaires sont sans exagération aucune, et depuis quinze à vingt ans, d'un prix du tiers au moins plus élevé que précédemment.

Aussi, est-il vrai que la classe nécessiteuse ne puisse s'expliquer cela à travers le prétendu progrès,

si vanté. Il y a exportation de ces denrées, dira-t-on,
mais cette exportation a existé de tout temps, moins en
grand, il est vrai, mais le prétendu si grand progrés
devrait combler le vide. C'est pour cette classe dont
je viens de parler, une calamité terrible, que le prix
si élevé des denrées alimentaires, surtout quand celui
de la viande de boucherie est pour elle inabordable.

Il va nous venir, dit-on, ou nous vient peut-être
dès à présent des bœufs gras de la Hongrie, et dans
les journaux on a cité comme un grand avantage
pour la France qu'ils nous viendraient en franchise
de droits d'entrée ; cela est bon, mais encore faudra-t-
il que la France paie à l'étranger les bœufs gras de
Hongrie, pendant néanmoins que si nous savions
nous y prendre, la France non seulement s'en fournirait, mais en pourrait vendre et exporter à l'étranger et en tout temps.

Dans le résumé très-important qui sera la fin de
cet Exposé ou travail, j'aurai l'honneur d'exposer à
votre Excellence, Monseigneur, que la surface territoriale de l'Empire français ne produit pas trop la
moitié, de ce qu'elle pourrait produire réellement, si
nous avions suffisamment de bons engrais, amendements, etc., à notre disposition.

Ah ! Monseigneur, qu'il est vrai que si la charité
publique, exercée partout en France à l'exemple du
bien aimé souverain, Napoléon III, mais exercée avec
une si grande profusion comme on le fait par suite
de sentiments religieux, de profonde pitié et de phi-
lanthropie envers nos semblables, ne l'était ainsi, il
est constant que, nonobstant cet esprit de religion et
de soumission envers qui de droit, dont cette classe
est pénétrée, cette charité si admirable venait à s'é-

teiudre, oh! que les suites qui infailliblement en
seraient l'inévitable conséquence, seraient terribles
pour la société toute entière.

Mais non, il n'en sera pas ainsi, grâces à Dieu et
aussi à notre bien aimé Empereur, qui a voulu et
veut toujours, nonobstant ce qu'en ont pu dire et faire
des gens qui, sans doute, étaient dans la plus profonde
illusion possible, que la présence à Rome, dans les
Etats de sa Sainteté Pie IX, chef sublime de toute la
chrétienté, y fût maintenue en paix, quand bien même
dans tous ses droits. Une si importante, si admirable,
si ferme et généreuse décision de la part de notre très
puissant et bien aimé Souverain, est assurément un
nouveau gage pour tous les cœurs généreux, que la
charité envers nos semblables qui sont dans le besoin
ne fera jamais défaut ; et c'est pour lui-même, notre
grand Empereur, pour notre incomparable Impératri-
ce et leur jeune Prince Impérial, une source intarissable
de prospérité future.

Ce qu'on peut dire comme surabondance de bonheur et de consolation touchant cette décision de
notre Empereur, c'est qu'aucune puissance humaine
ne saurait empêcher l'heureuse exécution ; sa nombreuse et puissante armée et l'invincibilité de ses
aigles impériales même au delà des mers, nous en
fournissent la plus profonde sécurité. Vive donc
heureux et à toujours, notre bien aimé souverain
Napoléon III !

Encore quelques mots, Monseigneur, pour finir ce
que j'ai l'honneur d'exposer ici à votre Excellence,
touchant le prix si élevé des denrées alimentaires,
depuis le prétendu progrès obtenu. Quelques personnes
pourraient dire que la population actuelle en France
est plus nombreuse qu'il y a quinze à vingt ans, ce que

je ne sache pas, car les guerres aussi glorieuses qu'indispensables pour la France, d'Algérie, de Crimée,
etc., etc., ont coûté la vie à bien des cent mille
hommes, et quand bien même elle serait plus nombreuse, le prétendu progrès ne devrait-il pas combler
le vide, et fournir en abondance grains et denrées ?
Quand on sait enfin, Monseigneur, que la France, qui
sans frais aucun par l'Etat, pourrait aisément produire
annuellement pour plus de 180 millions de miel et
cire, n'en produit que pour environ 70 millions au
maximum, et qu'elle en achète à l'étranger pour au
moins 60 millions de francs. cela ne fait-il pas trem-
bler et donne sujet aux plus sérieuses réflexions ; c'est
pourtant ce qu'a constaté en août 1861, la société de
tous les apiculteurs français réunis à Paris. Dans
l'article 1er de cet exposé, (Apiculture), j'ai eu l'honneur de soumettre à l'appréciation de votre Excellence
Monseigneur, les moyens si faciles de récolter en
France et sans frais aucun par l'Etat, pour environ
deux cents millions de francs de miel ou cire, une
somme aussi majeure, me serais-je trompé d'un quart,
enrichirait d'autant la France. C'est enfin le progrès le
*plus simple, le plus réalisable et en même temps le
plus prompt à obtenir subito et sans frais, dans un
intérêt général de bien-être public.*
Il va de l'intérêt de toute la société de remarquer
qu'il y a vingt ans et plus, le beurre se vendait en
France depuis 45 jusqu'à 70 centimes au plus le
demi kilogramme, et, depuis de très longues années,
il se vend depuis 95 centimes jusqu'à 1 fr. 25 le
même poids. Les œufs se vendaient depuis 25 jusqu'à
40 centimes au maximum dans le même temps, et
depuis de longues années encore, leur prix varie depuis 45 centimes minimum, jusqu'à un franc la

douzaine ; ainsi de suite des autres menues denrées
alimentaires, même encore la lumière, suif, huile
combustible, etc., plus chère que précédemment. Il
est donc palpable que la classe nécessiteuse est plus à
plaindre que jamais, et se trouve à la charge de la charité publique. Ces faits sont donc aussi péremptoires
qu'indiscutables, mais de nature grave qui, forcément,
doit faire réfléchir.

Il me reste donc maintenant, pour terminer ce
douzième et dernier article de cet exposé, à expliquer
à votre très Illustre Excellence, Monseigneur, pourquoi
si souvent, de mauvaises récoltes en France, et, par
suite , l'achat chez l'étranger de tant de millions
d'hectolitres de grain.

Il va sans dire que l'achat si considérable de grains
par importation, n'est autre chose que la conséquence
toute naturelle des disettes ou quasi disettes que, trop
souvent, nous éprouvons en France, et qui, à un
moment donné, peuvent être complètes plusieurs
années de suite, si des hivers un peu rigoureux se
faisaient sentir, nous y sommes exposés. D'où en
serions-nous donc en France ? Où d'ordinaire plus de
la moitié de notre ensemencée en froment surtout,
est fait dans de si tristes conditions ; et c'est pour cela
même, que depuis on ne sait combien d'années, nous
n'avons eu abondance de froment !

La seule et véritable cause de tant de mauvaises
années de récoltes en céréales, Monseigneur, vient de
deux choses bien distinctes, mais qui, l'une et l'autre,
sont faciles à comprendre : les voici ci-après.

Dans plus de la moitié des fermes et dans beaucoup
de départements, depuis qu'il est tant question de
progrès agricole, les cultivateurs, croyant fermement
embrasser ce prétendu progrès, font, depuis nombre

d'années, et cela *aveuglèment*, leurs ensemencés en froment beaucoup plus étendus que de coutume, ils y mettent fort peu d'engrais, lequel encore à été fait dans de très mauvaises conditions, ignorants qu'ils sont de la quantité qu'il faudrait par hectare. Ils y sèment leur froment quand bien même, et les trois quarts du temps, un mois envrion trop tard, dans des terres encore, qui, pauvres d'elles-mêmes, usées par quantité de plantes parasites et autres, dont elles sont encore remplies, ne peuvent, faute d'assez d'engrais énergique, nécessaire, indispensable à icelles pour les fertiliser, préserve contre la gelée ou l'humidité pendant l'hiver même à demi rigoureux, le grain de semence qu'elles renferment; ni, d'un autre côté, lui procurer pendant l'été cette belle végétation qui est par essence la seule condition d'un bon produit, d'une riche récolte.

L'autre cause est que leur grain de semence n'a jamais valu d'être semé, quoique possédant, bien entendu, sa faculté germinative, c'est non seulement un froment de mauvaise espéce, mais encore qui par lui-même est *petit, étiolé, peu nourri, ayant été mal recolté, rempli de mauvaises graines, et ce qui est plus qu'étonnant, on ne lui fait aucune préparation avec le sulfate de soude ni autre chose pour le préserver de la carie;* je ne dois pas dissimuler ici à votre Excellence, Monseigneur, que presque tous les cultivateurs de la classe dont je parle, sèment d'années en années ce triste grain, qu'ils récoltent eux-mêmes ; je suis témoin oculaire de cela trop souvent, et sur une superficie considérable. Ces pauvres cultivateurs ignorent qu'ils obtiendraient davantage et de meilleur grain sur un seul hectare de terre que sur trois, s'ils employaient à cet hectare tout l'engrais qu'ils mettent aux deux autres. Partant de là, deux tiers de semence épargnés, deux tiers de travail idem, etc., etc., tant pour semer que récolter. Cette classe de cultivateurs, que je nomme petite culture, a donc un besoin plus que pressant, dans son intérêt et dans celui de la société, d'être instruite, encouragée, etc. Des cours publics d'agriculture exciteraient sans doute à un haut degré sa curiosité, et produiraient de bons effets. Telle est, Monseigneur, l'exacte, mais très exacte vérité.

Je ne doute pas qu'il n'en soit pas ainsi dans certains, ou mieux dans beaucoup de départements de notre belle France, mais, en fin de compte, combien faut-il de départements où on fasse mal, pour compromettre au plus haut degré la richesse qu'on doit attendre d'un sol qui compose l'Empire, et qui doit faire sa plus belle espérance ?

Semer du grain déjà très faible par lui-même, le semer dans un terrain qui ne possède aucune des conditions voulues pour se bien régénérer et multiplier, c'est comme qui déposerait dans des vases, soit de bois ou de terre, qui seraient en mauvais état, malpropres, etc., des liquides, quoique bons, de la viande idem, le tout se gâterait et serait perdu sans ressource.

Auparavant de terminer ce douzième article, Monseigneur, j'aurai l'honneur de prier ici très humblement votre illustre Excellence de remarquer que nous sommes loin du progrès vanté, que nous sommes loin de la véritable voie qui seule pourrait nous y conduire, que nous sommes loin, dans nombre de départements de la France, d'avoir le tiers seulement des engrais, amendements, fumiers, composts, etc., nécessaires *à fertiliser convenablement nos terres.* Que nous sommes loin enfin, d'être à l'abri de

disettes répétées plusieurs années ,consécutives, lesquelles calamités ne pouvant être comblées par la
charité publique, feraient à le France, ou du moins au
numéraire qu'elle possède, par suite de l'extrême
quantité de blé qu'il lui faudrait payer à l'étranger,
une brèche, un vide, sinon impossible, *du moins très
difficile à combler,* et ce qui serait le plus à redouter
encore, comment, et par quel moyen conjurer des
catastrophes qui en pourraient-être les funestes suites ?
Comment contenir dans la sphère de la raison, de la
patience et de la résignation, tant de millions d'âmes
en France, qui, nonobstant toute bonne volonté de
leur part, manqueraient de ressources pécuniaires
pour avoir *seulement du pain.*

La conséquence d'une calamité, d'une disette de
grain, n'atteint pas seulement la classe indigente,
elle s'étend plus loin, elle frappe la classe *même aisée,
souvent très irrascible en ce qu'elle n'a aucune prétention à la charité publique,* en ce qu'encore il est très
vrai que la presque pluralité de toute la population de
l'Empire est entièrement persuadée que nous récoltons
en France beaucoup plus de moitié de grains ordinairement, qu'il n'en faut pour nourrir tout le monde ;
qu'il en est de même des denrées et autres produits ;
et que le grain etc., n'est cher que quand le gouverne-
nement ou les nobles, les prêtres ou les gros bourgeois
le veulent ainsi, pour, dit-on, ramasser plus d'argent;
j'ai moi-même, et presque toujours en vain, combattu
plus de mille fois, depuis de très longues années, ces
pernicieuses idées, profondément enracinées dans le
cœur de la classe dont je parle. Il va donc sans le dire
ici, Monseigneur, que si nous demeurons plus longtemps dans le statu quo du progrès où uous sommes,
nous serons très exposés aux fatalités dont je viens de

parler ; deux ou trois hivers rigoureux nous y conduiraient infailliblement, car il est de toute impossibilité que le grain de semence, froment, avoine d'hiver, etc. confié à des terres pauvres par elles-mêmes, remplies de plantes nuisibles, n'ayant pas reçu le quart ou le tiers au plus de la quantité d'engrais nécessaire. et et encore, grain de semence sans préparation contre la carie, et semé souvent en décembre, six semaines trop tard au moins, puisse hiverner et résister à des hivers tant soi peu rigoureux. J'ai la certitude pourtant, Monseigneur, que dans trop de départements, c'est ainsi qu'on procède, et cela par pure ignorance ; donc. faute d'instruction en agriculture, et avant tout, faute d'engrais suffisant.

La classe des cultivateurs dont je parle, encore une fois, ne manque pas de zèle ni d'envie de récolter beaucoup ; mais elle manque d'engrais, de savoir, d'argent et de bras ; autant dire de l'unique clef, sans laquelle aucune bonne agriculture n'est possible.

Les instruments aratoires perfectionnés, les animaux reproducteurs que nous nous sommes procurés à grands frais et qui n'ont pas réussi, ou d'autres ont été trop souvent la cause que nos autres animaux ont été moins copieusement nourris, sont, quoiqu'il en soit, de bien bonnes choses, mais somme toute, on ne saurait disconvenir que ce ne sont que des choses purement accessoires, en ce que ni les instruments ni ces animaux reproducteurs, qui, trop souvent encore pour ces derniers, ont coûté des prix fabuleux, n'ont pas enrichi le sol de la France, sol dont tout dépend en raison de sa fertilité, fortune et force de l'Empire. Idem de tous les propriétaires, aisance et bien-être des classes inférieures, et surtout des nécessiteux.

Il est donc plus qu'évident que, pour enrichir

suffisamment ce sol, je ne saurais trop le répéter, la première. la plus importante et générale de toutes nos préoccupations, et surtout celle de votre si puissante Excellence, | Monseigneur, et par votre seule entremise, la suprême volonté aussi ferme qu'énergique de notre très auguste souverain, serait de créer et de se procurer, par toutes sortes de moyens possibles et de désintéressement par l'État plus que jamais, force engrais, composts, amendements, etc.

J'ajouterai ici qu'en fait de progrés obtenu sur les diverses races de nos animaux domestiques, car je dois dire tout ce que je sais, ai vu ou en ai la certitude ; le plus sensible se rencontre dans la race chevaline, puis la bovine et ensuite la porcine, mais il n'est pas aussi qu'on le dit. Il est constant que dans certains départements, on pourrait parler hautement de ce progrés, mais dans d'autres, c'est encore fort peu de chose, et, pour s'en convaincre, il faut voir la généralité des animaux dans les foires et marchés les beaux et bons animaux y sont de bien en bien loin, c'est une vérité.

Mais une autre chose qui a aussi sa grande importance en faveur de la classe nécessiteuse d'abord, et aussi un avantage marqué par ailleurs ; c'est la race caprine qui, nulle part que je sache, n'a été amélïorée, et néanmoins, très souvent, toute une famille indigente est très heureuse d'avoir le lait d'une bonne chèvre, car une bonne chèvre est la vache du pauvre, seule ressource qu'elle a pour manger avec son pain noir, provenant d'aumônes, et pour faire sa soupe. D'un autre côté, combien est-il fréquent dans un grand nombre de départements, qu'avec une bonne chèvre, on élève chaque année, dans beaucoup de fermes, toute une portée de porcillons.

Il s'agirait donc, selon ce que j'en pense, d'une lacune à combler à ce sujet, en donnant, par les comices agricoles, et partout, des encouragements pour le choix et l'amélioration de la race caprine.

Résumé très curieux en raison de son importance majeure.

J'ai l'honneur de prier ici de rechef, Monseigneur, votre Excellence, de daigner, s'il lui plaît, prêter sa bienveillante attention à ce que je vais avoir l'honneur de lui soumettre ci-après, en outre de tout ce que j'ai dit dans cet exposé. Monseigneur, votre incessante préoccupation en faveur de tout ce qui se rattache à la plus grande prospérité de l'agriculture, ne vous porterait-elle pas à apprécier, dans votre extrême sagesse et suivant vos lumières, l'innovation, ou mieux l'institution de baromètres, placés dans les frontispices de toutes les églises des communes rurales dans tout l'Empire.

Le bien, l'intérêt général qui découlerait d'une semblable instution, seraient dus en entier à la bonté de votre Excellence.

N'est-il pas vrai, Monseigneur, que, depuis de trop longues années déjà, les pluies presqu'incessantes aux temps de nos récoltes de fourrages et de grains, causent, chaque année, aux cultivateurs, à la société, des pertes aussi majeures qu'irréparables, puisque des quantites de grains, de fourrages, sont, chaque année, perdues sans ressource ; D'autres quantités de ces mêmes récoltes perdent étonnamment de leurs qualités.

Chacun sait dans combien peu de temps se gâtent, par la pluie, les trèfle, luzerne, vesce, etc., etc.. et aussi les grains, surtout le froment blanc. De bons baromètres, exposés à la vue du public dans chaque frontispice d'église, lesquels indiquant à l'avance, l'intensité d'humidité amosphérique, seraient consultés matin et soir, par ceux des habitants qui seraient sur le point de commencer à couper par pied des récoltes auxquelles la pluie pourrait être préjudiciable; ce serait pour tous un bon préservatif, une sauvegarde d'un grand prix et qui produirait de bons effets.

Il me semble que chaque commune, sur ses ressources budgétaires, en pourrait solder une bonne partie, d'autant mieux qu'il s'agirait d'une dépense non renouvelable.

Mais encore ne serait-il pas prudent d'exiger de la part des vendeurs ou fournisseurs la garantie de ces instruments, à la charge par ces derniers, de les réparer ou changer, s'ils n'étaient pas bons.

Autre chose qui serait encore d'un très haut intérêt pour l'agriculture en Ille-et-Vilaine particulièrement.

Il ne serait plus douteux, dit-on, que par suite de l'heureuse participation de M. de Dalmas, notre bon et très-distingué député d'Ille-et-Vilaine, cela par suite réciproque avec M. Féart, notre Préfet d'Ille-et-Vilaine, d'une distinction sans égale, je crois, par son zèle à toute épreuve en faveur de l'agriculture, que la solution en faveur d'un embranchement de voie ferrée, partant de la gare de la ville de Vitré à celle de Fougères, aura lieu et reliera ces deux villes séparées par 28 kilomètres de parcours; ce sera un très grand bienfait en faveur de l'agriculture pour tous les habitants de ces contrées qui, jusqu'à ce jour, ne peuvent se procurer, qu'à force argent, la chaux dont ils ont un besoin si grand, pour leur sol auquel elle convient beaucoup.

La chaux, quoique très-abondante partout dans la Mayenne, où elle s'obtient à un prix très-modique, arrive aisément et tant qu'on en veut à la gare de Vitré, mais partant de là, la route pour se rendre à Fougères, hérissée qu'elle est sur presque tout son parcours de difficultés qui la rendent même dangereuse. fait que les voituriers, pour transporter la chaux à Fougères que les cultivateurs qui en veulent sont obligés de payer sur le prix d'icelle, qui en fin de compte n'est plus abordable que pour quelques bourses : donc l'agriculture en souffre à un très-haut degré.

Ici, Monseigneur, si votre Excellence daigne le remarquer, tous les cultivateurs au-delà de la ville de Fougères, à aller à celle d'Antrain, 26 à 27 kilomètres de distance l'une de l'autre, se trouvent dans le cas le plus fâcheux possible pour se procurer de la chaux, et si par fois il arrive que quelques uns d'entr'eux en fassent usage, le prix de revient excède assurément l'avantage qu'elle offre dans son emploi ; et néanmoins elle convient particulièrement au sol de toute cette contrée qu'elle fertiliserait : nouvelle perte encore pour l'agriculture, qu'il en soit ainsi.

Ce considérant dans toute son importance, Monseigneur, il serait donc d'une très-grande utilité publique que l'embranchement de voie ferrée de Vitré à Fougères fut prolongé de cette dernière ville à celle d'Antrain, soit 26 à 27 kilomètres entre ces deux villes, l'immense et avantageux résultat qui en serait la conséquence, doterait tout le pays d'un bienfait inappréciable, bienfait qui serait dû tout entier à votre zèle en faveur de l'agriculture, Monseigneur, et en même temps à la magnanimité et grandeur d'âme de votre Illustre Excellence.

Cet embranchement de voie ferrée qui rendrait de si grands services à un pays qui en a grand besoin, pour le transport de la chaux, en rendrait également ponr celui d'autres engrais qui nous viendraient des villes d'Angers, Laval, Mayenne, Evron et Montsûrs, dotées de chemins de fer qui communiquent avec Vitrè. L'importance de cet [embranchement serait encore notablement augmentée par le transport facile et à prix réduit, à destination de localités qui n'en ont pas ou peu, de nos poires et pommes à cidre dont regorge cette contrée de la Bretagne.

Dieu veuille qu'il en soit ainsi au pluotôt; moi le premier, ainsi que tous les cultivateurs qui vivent au milieu de cett contrée, privée des principales ressources propres à fertiliser nos terres, bénirons à jamais le grand nom de votre très-illustre Excellence, Monseigneur.

Maintenant, Monseigneur, il n'est pas, tant s'en faut, sans intérêt que j'ai l'honneur de résumer ici, en quelques notions séparées, ce que j'ai dit dans divers articles de cet Exposé, touchant le véritable progrès que nous tentons de réaliser en agriculture, mais progrès sans lequel obtenu, tout ce que nous ferions, nous laisserait toujours dans le statu quo, si nous .n'entrons résolùment dans la bonne voie qui est celle indiquée ci-après et que daignera, je crois, peser à fond, dans sa sagesse, votre Excellence, Monseigneur.

Cette voie enfin n'est autre que les avis, l'essence même de ce que pensent des agronomes on ne peut plus compétents sur la matière.

C'est après tout leur manière de voir, qui coincidant avec les miennes m'ont déterminé non seulement à les écrire, mais à les soumettre directement a la haute appréciation de votre Excellence, Monseigneur, persuadés qu'ils sont, ces agronomes, ainsi que moi, qu'aucun autre moyen que la participation directe de votre Excellence près notre bien aimé et vénérable souverain, fut assez puissant pour atteindre le but désiré, qui n'est autre que de porter au plus degré d'amélioration possible, tout le sol qui compose l'empire français, sol, je le répète, d'où il doit tirer sa plus grande richesse, sa plus grande puissance, etc.

Sol une fois enrichi, qui fera que la fortune des grands et petits propriétaires d'icelui, sera beaucoup plus considérable.

Sol enfin qui , par suite de productions abondantes et de toute nature qui sortiront de son sein, conjurera à toujours, par son incesante fécondité, les dures privations, misères et souffrances qui rongent chaque jour de la vie, non seulement la classe indigente, mais encore des millions d'artisans, ouvriers, cultivateurs de la moyenne et petite culture, qui, tous quoique malheureux, ne peuvent compter sur la charité publique.

La fécondité de ce sol, encore une fois, ne bannirait-elle pas à tout jamais les calamités, les catastrophes dont nous serions menacées par suite, peut-être, d'un seul hiver très-rigoureux, qui plongerait notre belle France dans une disette complète.

En outre et par suite de cette heureuse et si désirable fécondité, combien seraient nombreux les millions de francs qui, en numéraire, viendraient ajouter à la richesse actuelle de notre Empire, de nouvelles et plus grandes richesses encore que nous fournirait l'étranger qui importerait et serait heureux d'avoir nos produits de toutes sortes.

A ce sujet, Monseigneur, j'aurai l'honneur de faire à votre Excellence une simple observation, comme suit :

Je sais très-bien qu'il y a encore en France beaucoup de propriétaires qui, faute de bien savoir apprécier ce que dessus, diraient : mais enfin de compte, si le grain, etc., se trouve plus tard à si bas prix, nos revenus ne seront donc plus les mêmes et se trouveront reduits d'un quart, d'un tiers et même de moitié ? erreur et très-grande erreur, puisque tout propriétaire qui, dans l'état de fécondité actuel du sol qui lui est propre, vend, par année, pour, je le suppose, six mille francs de grains, animaux, etc., à un prix élevé, peu doit lui importer, si par suite du nouvel état de son sol, arrivé à un très-haut degré de fécondité, il récolte assez en grains, animaux, etc., qui, quoique vendus à bas prix, lui permettra de réaliser et même bien au-delà, les six mille francs dont je viens de parler.

Il y a donc toujours avantage à améliorer le sol, vu qu'au reste, il est toujours beaucoup plus cher, car sa fécondité en garanti assurément les bons produits annuels, et aussi sa vénalité plus avantageuse et facile.

Auparavant que j'ai l'honneur d'expliquer à votre très-illustre Excellence, Monseigneur, la véritable voie qui, selon moi, serait bonne à suivre pour arriver aux fins de grande amélioration de tout le sol de l'empire ; je dois dire ici quelques mots touchant l'inappréciable utilité des engrais, fumiers, etc., et leur indispensabilité en agriculture.

En effet, Monseigneur, quel est le plus simple cultivateur, qui, s'il était fidéle observateur et appréciateur agricole, oserait nier que le fumier vaut mieux que les meilleurs instruments aratoires, que les meilleures races de bestiaux. Le fumier est le plus habile de tous les laboureurs, en ce qu'il améliore les plus mauvais sols, triomphe de tous les mauvais temps, en ce que par son énergie, il soutient et vivifie les plantes contre les intempéries, il fait des miracles ! Avec du fumier, les récoltes viennent d'elles-mêmes et à vue d'œil, on a de tout, toujours, en tout temps ; et la terre ne s'épuise pas : au contraire, elle s'enrichit !

Bref, c'est le fumier qui produit lui-même le fumier même par essence, et qui se régénère, puisqu'on ne saurait contester que c'est le fumier seul qui fait végéter si vigoureusement toutes les plantes que nous confions au sol, grains, fourrages, etc., lesquelles plantes sont destinées elles-mêmes à être converties en fumier.

C'est par lui enfin, que nous obtenons du sein de la terre tout ce qui sert à l'alimentation de l'espèce humaine et aussi à celle de tous les animaux domestiques qui font nos délices ; il est donc, sans aucun doute, le principe des principes, en un mot, le trésor de l'agriculture ; sans lui, rien de bon ni de bien, tout est perdu, c'est l'avis de nos plus célèbres agronomes. Les instruments perfectionnés, de même que les plus beaux et meilleurs animaux, ne sont qu'accessoires, en ce qu'ils n'ajoutent rien à l'amélioration du sol. Le fumier est donc le grand moteur.

Une chose bien saisissable, c'est que nos jardins produisent toujours beaucoup et sans s'épuiser, et cela par le seul fait que nous mettons, chaque année, beaucoup de fumier, ils nous donnent même plusieurs récoltes par an. L'agriculture, c'est le jardinage en grand, donc, la bonne agriculture est, avant tout l'engrais ; ainsi qu'on remarque donc, combien le sol qui compose tout l'Empire serait apte à nous donner des produits et richesses incalculables, si nous comprenions bien, je le répète, l'utilité et l'indispensabilité des engrais.

Q'on calcule bien le produit d'un jardin de six ares d'étendue ou superficie, et on se dira que beaucoup de terres en France sont assez riches par elles-mêmes en humus, pour produire environ l'équivalent, si on y mettait de l'engrais à proportion.

Tel que je viens d'avoir l'honneur de l'exposer à votre Excellence, Monseigneur, le véritable nœud Gordien à dénouer en agriculture pour arriver à un riche, vraiment riche résultat, est de se procurer des engrais, fumiers, etc., c'est la bonne voie à suivre sans relâche, mais il est constant que, pour que chacun la suive quand bien même, un décret ad hoc, tel que j'ai eu occasion de le dire dans divers articles de cet exposé, serait indispensable pour le bien de tous.

A ce décret, personne raisonnable ne pourrait y trouver à redire, en ce que, ses conséquences toutes naturelles auraient pour unique but l'utilité publique générale ; utilité du plus haut intérêt possible, puisqu'il s'agirait de la fortune et du bien-être de tous les humains français. Ce ne serait plus une simple cause d'utilité publique locale, autorisée par la loi elle-même et dont on fait usage à chaque instant dans tout l'Empire, pour exproprier le premier venu, de quelque condition qu'il soit. Ici, Monseigneur, ce décret dont j'ai l'honneur de parler à votre si dévouée Excellence, pour la grande prospérité de l'agriculture, ne serait pas du tout de nature à causer aucune expropriation, mais, au contraire, il serait en pleine harmonie avec les lois qui nous régissent et autorisent même l'expropriation, dès qu'il y a seulement utilité publique locale, qui n'est qu'un iota, je dois le répéter, en comparaison de ce qu'il s'agirait d'utilité publique générale, et importante au plus haut degré.

Si donc. par suite d'un décret ou tout autre moyen, tous les engrais humains, matières fécales et urines, perdus chaque jour, et surtout les jours de foire, dans tout l'Empire, étaient recueillis avec soin et utilisés à l'agriculture, n'en surviendrait-il pas assurément une production annuelle et incessante, de plusieurs millions d'hectolitres de blè? Peut-être cinq à six millions d'hectolitres.

D'autre part, la décence, la salubrité, ne sont-elles pas des causes suffisantes d'elles-mêmes, pour nécessiter un décret?

Il est pourtant connu qu'il est peu de cultivateurs qui n'aient souvent répété, en voyant couler des ruisseaux d'urines sur la voie publique : est-il possible de voir tant de si bon engrais perdu !

Qnand on pense que nous avons en France de sept à huit millions au moins d'hectares de terre en landes, bois mauvais ne produisant presque rien, marais, etc., tout-à-fait incultes, et, d'un autre côté, bien davautage de millions d'hectares de terres en culture, mais terres très pauvres, qui, néanmoins, produiraient et s'amélioreraient en peu d'années, si tout ce que j'ai eu l'honneur d'exposer à votre Excellence, Monseigneur, dans divers articles de cette brochure était mis en pratique, comme, par exemple, ce qui concerne l'apiculture, les engrais humains, le balayage des rues dans tous les bourgs villes et grands villages, des latrines dans toutes les fermes, bourgs et villages, ainsi que des urinoirs, la destruction des plantes parasites et autres, qui envahissent presque tout le sol dans divers départements, et obvient en même temps à la récolte de bien des millions d'hectolitres de blé, tout en apppauvrissant de plus en plus ces terres. Si, pour apporter ces mauvaises plantes chacun dans sa commune, dans un lieu destiné ad hoc, recevait une petite indemnité?

Si on convertissait, tel qne je l'ai encore expliqué, tous ces végétaux en engrais, en y mélangeant les urines et matières fécales, ainsi que le balayage des rues des lieux dont je viens de parler, chaque administration locale agissant ainsi, elle aurait, par ce fait même, une précieuse provision de bons engrais concentrés, qne chaque cultivateur serait heureux d'acheter, et que chaque commune serait heureuse de vendre, et dont le grand résultat produirait l'amélioration du sol, et abondance de grain partout.

Si les guanos, qui sont l'objet de tant de fraudes, étaient achetés par l'état sur les lieux de provenance, et par lui placés en dépot et vendus à prix de revient dans tout l'Empire? Si les sels bas prix étaient également repartis partout, on les pourrait confier aux mêmes personnes chargées de la vente des guanos, ce serait un grand pas faire vers le progrès. Si des primes en argent étaient annuellement donnés par les comices à ceux des cultivateurs qui, au prorata de l'étendue de leurs exploitations, produiraient la plus grande quantité d'engrais, fumiers, composts et amendements, le tout judicieusement aménagé, c'est là la véritable pierre de touche, c'est là même qu'il serait bon d'être désintéressé. C'est là encore, qu'il serait préférable de distribuer, pendant des années, l'argent qu'on donne partout, dans les comices, aux animaux reproducteurs, qui, au reste, se multiplieraient assez, si nous avions suffisamment des engrais, qui nous produiraient une assez grande quantité de bons fourrages. On voit souvent, dans certaines localités et fermes, des animaux reproducteurs qui n'y sont entretenus qu'en consommant partie de la nourriture précédemment destinée aux autres animaux des mêmes fermes, ce qui est plus que fâcheux, car il en survient qu'un ou deux animaux sont en bon état, et que tous les autres font pitié à voir. Ainsi donc et avant tout c'est le fumier qu'il nous faut, c'est lui qui est le principal et le meilleur de tous les rouages dont on puisse se servir en agriculture.

Si des cours d'agriculture étaient faits gratuitement et publiquement, tel que je l'ai dit précédemment, si, enfin, une légion de chevaliers et officiers agronomes, portant une décoration, était créée en France? De quelle émulation en faveur de la prospérité croissante et incessante de l'agriculture, cette grande institution, ne serait-elle pas la plus puissante force motrice ; il en résulterait sans doute, Monseigneur, non seulement tout ce que j'ai dit dans un article à ce sujet, mais, en outre, que les chimistes, encouragés qu'ils seraient par le désir l'honneur d'en faire partie, trouveraient, au moyen de procédés chimiques, celui de faire décomposer en peu de temps, et fermenter des quantités considérables de végétaux de toutes sortes, et surtout de tourbe, si commune presque partout, et d'en faire d'excellents composts.

Il y a plus, sauf erreur de ma part, car je ne suis pas chimiste, il me semble que la science en chimie possède des moyens suffisants qui, par l'emploi en infusion, dans très-grandes quantités d'eau commune, d'une foule de drogues ou même peut-être de quelques unes seulement, lesquelles scientifiquement combinées en semble et ajoutées à l'eau, lui procurerait la faculté de décomposer et enrichir promptement des tas énormément gros composés de bruyères, landin, terre ordinaire, tourbe et gazons mélangés ensemble ; par suite de l'effet chimique produit, les terres et gazons perdraient leur frigidité naturelle , s'échaufferaient tant en s'incorporant en quelque sorte aux bruyères et tourbe en fermentation , que par le calorique communiqué à ces tas, par suite des principes dissolvants corrosifs et caloriques des drogues en question.

Si, comme je le crois, Monseigneur, faire se peut ainsi, ce serait un bien large pas fait dans la voie agricole, vraiment progressive au plus haut degré.

La bruyère, la tourbe, les terres et gazons ne nous font pas défaut ; à mes yeux et à ceux de beaucoup d'autres plus savants que moi, le tout ferait un trésor de fertilité, en raison de ce que nous avons en abondance ces matières sous la main , et de ce qu'elles sont quasi inépuisables.

J'aurai l'honneur d'observer à ce sujet à votre Excellence, Monseigneur, qu'il est encore des propriétaires qui ont des fermes dont le sol est très pauvre et qui ont en même temps tout près et qui plus est, contigues à ces fermes, quantité de bonnes et grandes bruyères, feuilles, etc., qui devraient et pourraient être utilisées aisément en litiéres, composts, etc., sur leurs propres fermes pour l'amélioration desquelles ils n'en veulent donner que la partie la plus insignifiante afin de vendre l'autre.

N'est-ce pas pitoyable de voir des propriétaires agir ainsi, au détriment de leurs propres terres qui ont si grand besoin, au détriment de leurs propres intérêts, vendre à autrui la fécondité de leurs terres, il faut être très-peu éclairé en agriculture, ou entierement insouciant du progrès, et de tout ce qui serait bon à faire pour l'obtenir.

Tout ce que je viens d'avoir l'honneur d'exposer en dernier lieu à la sagacité et à la très-haute appréciation de votre Excellence, Monseigneur, est, je crois, de principe; ce serait la bonne, la meilleure voie à suivre pour arriver sans doute aucun au véritable progrès, que tous et partout serions si envieux de réaliser.

Il va sans dire, je le sais, que plusieurs des innovations dont j'ai parlé dans un intérêt général, et en vue du bien extrême que je désire à mes semblables, surtout à ceux qu'une misère poignante ronge depuis tant d'années, pourraient être obtenus par suite d'une circulaire ministérielle ou arrêtés préfectoraux et de réglements de police locale municipale approuvés ; mais, quoiqu'il en soit, je pense qu'une mesure génératrice, je veux dire un décret, serait bien préférable, en raison de l'ensemble des faits.

Monseigneur, avant de terminer ce résumé, je crois que votre Excellence a pu remarquer qu'il est évidemment vrai que nous sommes loin d'avoir même à beaucoup près, généralement parlant, même la moitié des engrais, fumiers, composts et amendements, qui nous seraient si nécessaires pourtant pour nous assurer des grains en abondance, et également tous les autres produits que la terre serait susceptible de nous donner.

Il est constant, Monseigneur, du moins je le crois, que plusieurs départements en France, mais les meilleurs, peuvent avoir les trois quarts environ du fumier nécessaire, et rapportent en tous produits, les trois quarts aussi environ tout au plus, de ce dont ils sont susceptibles.

Mais il n'est pas moins constant également, que la pluralité des départements, et ce uniquement faute d'engrais, ne récoltent que la moitié au plus, de ce qu'ils pourraient et devraient faire.

Enfin, il est encore vrai aussi, que, dans un certain nombre de ces mêmes départements, les cultivateurs, je ne dirai pas tous, mais la plus grande partie, faute d'engrais encore, de savoir faire, de ressources pécuniaires et par la même raison d'insuffisance de bras, ne récoltent pas le quart de ce que le sol leur pourrait produire, n'est-ce pas plus que facheux? Ce sont, après tout, ces cultivateurs, que je nomme la moyenne et petite culture, presque toujours plus que voisins de l'indigence, mais, qui, néanmoins, animés qu'ils sont d'un courage exemplaire, pour élever honorablement leurs estimables familles, exécutent des travaux on ne peut plus pénibles, et n'ayant pourtant qu'une nourriture on ne peut moins substantielle; tout cela n'est-il pas de la plus évidente palpabilité, Monseigneur, qu'ils sont beaucoup plus a plaindre que les indigents eux-mêmes non laboureurs, qui sont assistés, souvent vêtus et consolés, par l'extrème et admirable charité publique à leur égard; tout cela, en raison surtout de la rareté des engrais, du prix trop élevé de ceux étrangers à la ferme, et de leur trop grand éloignement d'icelle.

Ici, Monseigneur, en présence de choses si vraies et si connues, mais qui, je pense, ne sont jamais antérieurement parvenues si directement à vos oreilles, ces choses, dis-je, ne sont-elles pas de nature à exciter chez votre Excellence, la très haute commisération dont elle est susceptible envers ses semblables et les nôtres, qui sont si malheureux; ces choses, je le répète, ne vous porteraient-elles pas à en informer personnellement sa Majesté Impériale, dont le cœur, aussi sensible que généreux, serait touché, de manière que, dans ses décrets ou décisions en faveur de l'agriculture, sa Majesté Impériale, aidée en cela par votre toujours bienveillante et si généreuse participation, Monseigneur, le sort, la condition de ces malheureux seraient améliorés.

Si donc enfin, un opuscule agricole, convenable comme je l'ai déjà dit, était mis entre les mains de tous les élèves des deux sexes qui, dans tout l'Empire, fréquentent les écoles primaires rurales etc., Ce moyen, qui me semble être de la plus haute portée possible, conjurerait et bannirait à toujours, parmi la population agricole actuelle et future, cette ignorance profonde de l'agriculture, ignorance où sont encore tant de milliers de laboureurs qu'il serait très important d'éclairer, d'instruire, par les cours publics dont j'ai précédemment parlé.

En terminant ce résumé, j'aurai l'honneur d'exposer ici à votre Illustre Excellence, Monseigneur, que, si la voie progressive agricole dont je viens de parler, était généralement embrassée et suivie, les riches conséquences qui en seraient l'heureux résultat, tant en faveur de l'Etat qu'en celui de la société toute entière, seraient incalculables, car, dans un prochain avenir, nous pourrions récolter en France, tout au moins. un tiers, sinon moitié plus de grains que de coutume, beaucoup plus de moitié davantage de fourrages de toute nature, plantes pivotantes fourrageuses, etc. Nous pourrions aisément livrer en tont temps à la boucherie, beaucoup plus de moitié d'animaux bien gras, sans compter ceux qu'on élèverait en sus du nombre que nous possédons aujourd'hui. Par là même, on verrait, d'année en année, s'accroître, dans des proportions considérables, la production du beurre, du miel, des fruits, même des volailles, car le tout forme un enchaînement.

Il est de la plus évidente palpabilité, que jamais, bien qu'on fasse et qu'on dise, ni les sociétés d'agriculture, non plus que les comices agricoles, ne pourront sans la participation directe et si puissante de votre si haute Excellence, Monseigneur, faire arriver dans la bonne voie du progrès, les nombreux cultivateurs qui en sont si éloignés, et qui sous tant de rapports, ont un besoin spécial de secours, de protection et de direction, que notre vénérable et bien aimé Souverain, peut seul, par sa constante sollicitude pour tout son peuple, leur procurer, s'il daigne commander il sera obéi.

Il va sans dire que l'Etat ne saurait être trop désintéressé en faveur de l'agriculture, car il est hors doute que les dépenses faites produiraient au centuple.

On cesserait alors de dire partout: d'où vient donc que, nonobstant tout le progrès agricole dont on parle tant, le pain est si cher, le beurre, les œufs, etc. idem ?

On ne verrait plus, comme aujourd'hui et depuis si longtemps, une grande partie des ouvriers agricoles, des fils de famille idem, qui, mal nourris, et peu rétribués qu'ils sont, déserter chaque jour la vie, le foyer champêtre, pour se rendre çà et là dans les villes où ils trouvent une meilleure nourriture, et une plus forte rénumération quotidienne, mensuelle ou annuelle.

Ces choses, dont nous sommes trop souvent témoins, ne prouvent-elles pas que nous sommes très loin du progrès tant vanté ?

Le mot progrès est facile à prononcer, mais plus difficile à réaliser dans ses effets, de là vient que tant de personnes en parlent sans savoir ce qu'elles disent, c'est-à-dire d'où nous en sommes en fait de progrès.

Pour ce qui est du chiffre de trois millions de francs, dont j'ai parlé dès le commencement de cet exposé, chiffre à réaliser chaque année, par suite des progrès agricoles, il est incontestablement très vrai que ce chiffre est bien au dessous de ce qu'il serait, si la voie très progressive que j'ai eu l'honneur de soumettre à la très haute appréciation ce votre Excellence, Monseigneur, était généralement suivie dans tout l'Empire. En un mot, cette franchise, qui m'est naturelle, ne me permet pas de dissimuler ici à votre Excellence Monseigneur, que, suivant ma plus profonde conviction à ce sujet, suivant encore celle de personnages éminemment capables d'en connaître, et auxquels j'ai fait part de toutes mes indications pour arriver à ces fins, pensent comme moi, que le chiffre dont j'ai parlé, nonobstant sa majeure importance, ne serait qu'une minimité en vue de ce qu'on pourrait obtenir graduellement, dans quelques années d'ici, si nous suivons la voie indiquée, qui, je crois, est la seule véritablement progressive et très praticable.

Depuis plusieurs années, je me disais à chaque instant, tout ce que nous pouvions dire et écrire dans les journaux en fait d'agriculture, ne produisait que peu, très peu d'effet.

Que les comices agricoles et sociétés d'agriculture ne pouvaient faire pénétrer aux oreilles de la généralité des cultivateurs si nombreux et qui en ont un si pressant besoin, les lumières capables de les faire entrer dans la bonne voie.

Profondément persuadé que je le suis au demeurant, qu'à grands maux grands remèdes, qu'en conséquence, ces lumières dont je parle ne peuvent sortir, découler, que de la vraie lumière elle même, lumière que possède notre grand monarque, le premier, le plus grand le plus fort, le plus éclairé potentat de toute l'Europe.

Oui certes, sa Majesté Impériale a le plus grand droit de parler, sa voix serait entendue ! celui de commander, elle serait obéie ! la confiance sans bornes qu'a en elle un peuple qui la révère, qui l'a voulu pour son digne chef, en est le plus sûr garant !

Qu'il me soit permis d'ajouter ici, Monseigneur, que, si tous les départements de la France qui récoltent plus ou moins, qui sont plus ou moins riches, plus ou moins éclairés, et qui, par conséquent, ont un besoin plus pressant de secours, d'instruction, de protections particulières et de lumières, je n'en ai cité aucun, ça été dans l'unique but de ne blesser personne.

A Dieu plaise, Monseigneur, que Sa Majesté Impériale, et aussi votre très illustre Excellence, trouvent que ce travail, qui laisse à désirer, sans doute, faute d'une assez grande érudition, qu'à regret je ne possède pas, soit néanmoins trouvé valable.

Confiant dans la magnanimité de votre Excellence, Monseigneur, j'ose compter sur son indulgence, pour daigner m'en excuser ; le style surtout est loin d'être ce que j'aurais vivement désiré.

A Dieu plaise encore, qu'il produise, ce travail, les précieux fruits que j'ose en attendre, et s'il en était ainsi, je m'estimerais heureux, très heureux, d'avoir pu utiliser en faveur de tous mes semblables, surtout de ceux qui souffrent, mes faibles lumières et ma longue expérience en agriculture.

Que Dieu veuille enfin, que notre glorieuse et si belle France, digne du bien aimé Souverain qui la gouverne, digne également de toute l'incessante et remarquable sollicitude que lui prête si largement son si auguste chef, et aussi votre très haute Excellence, Monseigneur, quoique riche, le devienne, dans un prochain avenir, moitié davantage, *elle en est suscep-tible.*

C'est, pénétré de ces sentiments, que j'ai l'honneur de me dire,

> *de votre très haute et très illustre Excellence,*
> *Monseigneur,*

Le plus respectueux et le plus humble de vos serviteurs.

HARDY-CHASSERIE, père,

de la commune de Tremblay, canton d'Entrain-sur-Couesmes, arrondissement de Fougéres, (Ille-et-Vilaine).

24 Juin 1863.

Mayenne. Imp. DERENNE. — 1863.